森林报
SEN LIN BAO

夏

[苏] 维·比安基◎著

北方妇女儿童出版社
·长春·

图书在版编目（CIP）数据

森林报. 夏/（苏）比安基著；倪小玲编译. -- 长
春：北方妇女儿童出版社，2016.1
ISBN 978-7-5385-9426-3

Ⅰ. ①森… Ⅱ. ①比… ②倪… Ⅲ. ①森林—儿童读
物 Ⅳ. ①S7-49

中国版本图书馆 CIP 数据核字（2015）第 190702 号

森林报·夏
SENLINBAO · XIA

出 版 人	刘　刚	
策　　划	师晓晖	
责任编辑	佟子华　张　丹	
装帧设计	李亚兵	
开　　本	787mm×1092mm　1/16	
印　　张	10.5	
字　　数	150 千字	
印　　刷	长春市彩聚印务有限责任公司	
版　　次	2016 年 1 月第 1 版	
印　　次	2016 年 10 月第 3 次印刷	

出　　版	北方妇女儿童出版社
发　　行	北方妇女儿童出版社
地　　址	长春市人民大街 4646 号
	邮编：130021
电　　话	编辑部：0431-86037512
	发行科：0431-85640624

定　　价：23.80 元

前 言
QIAN YAN

　　《森林报》是维·比安基的一个系列代表作，它以报刊的形式，按照春、夏、秋、冬四季的顺序，用清新自然的笔触、轻松愉悦的语调、活泼的文字讲述了发生在森林里的人与动植物之间妙趣横生的故事。

　　在维·比安基行云流水般的文字中，活泼的鸟儿、行踪诡秘的猞猁、狡猾的狐狸等飞禽走兽仿佛都有了人的灵性，就连无法移动的树木花草都有了自己的语言和性格。它们或智慧或狡黠、或勇敢或怯懦，一举一动都充满故事，耐人寻味、回味无穷。通过阅读这些故事，我们体会到了春的无限生机、夏的热情奔放、秋的充实饱满、冬的冷清忧伤，从中我们既能看到老猎人精彩的打猎过程，听到麋鹿打架的巨大声响，又能身临其境地感受到生命的鲜活气息。赶快打开这本书吧，让我们一起去感受森林四季的缤纷色彩，去聆听大自然的声音！

目 录
CONTENTS

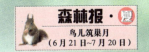

6月——鸟儿筑巢月

6月，蔷薇花开的季节。这个时候，鸟儿们忙碌的搬家活动基本上都结束了，夏天正式来临。从6月开始，白天越来越长，在遥远的北方，太阳一整天都不会落山，因此这里远离了黑夜的困扰。在湿润的草地上，花儿纷纷绽开笑脸，越来越惹人喜爱。金凤花、立金花、毛茛等将草地装扮得格外漂亮，像给草地穿上了彩色的连衣裙。

在这开花的时节，人们也没有闲着。每当到这个时候，人们常常会趁着天气晴朗一大清早出门去采药。他们收集了各种药草的花、茎和根，并把它们晾晒好，储存起来。这是人们为疾病突然降临时所做的准备工作。之所以这样做，是因为他们希望能够把贮存在药草里面的太阳的生命力转移到自己身上来，这样的话，在生病时他们才会有力量对抗病魔。

每年的6月22日是夏至日，这也是一年之中最长的一天。从这一天开始，白昼会逐渐变短，缩短的速度慢极了，跟初春到来的速度一样慢，所有的鸣禽都有了自己的巢，每个巢里都有了各自的蛋，而且是各种各样的蛋。当那些娇弱的小生命从薄薄的蛋壳里露出来的时候，人们都说："夏天的头顶已经从篱笆缝里露出来了……"

各自的小家

每当孵小鸟的季节来临,住在树林里的居民就要建造房子了。

那些飞禽走兽、鱼儿和虫儿都住在哪里呢? 它们又是怎样生活的? 我们《森林报》的通讯员决定去了解一下。

漂亮的住宅

6月,居民们建造的房子将整个树林都占满了。林子里上上下下都是居民们的房子,没有一点儿空地。只要你能找到的地方,无论是地面上、地底下、水面上、水底下,还是树枝上、树干中、草丛里、半空中,全住满了。

黄鹂将它的房子盖在半空中。它用大麻、草茎和毛发编成一个精巧的小篮子,这个小

篮子就是它的住宅。高大的白桦树枝上挂着黄鹂的小房子，房子里安放着黄鹂的蛋。说来也真怪，无论风怎么摇动树枝，它的蛋都不会被打破呢！

百灵、林鹨、鹅和许多其他的鸟都把房子盖在草丛里，你如果足够仔细的话，就能在草丛里看到它们房子的入口。我们的通讯员最喜欢的是篱莺的巢。这种巢主要用干草和干苔搭成，不光有顶棚，还有一个开在侧面的门。

鼯鼠、木蠹曲、小蠹虫、啄木鸟、山雀、椋鸟和猫头鹰等，它们的房子大都建在树干上，往往以树洞为主。

鼹鼠、田鼠、獾等哺乳动物，灰沙燕、翠鸟等鸟类以及各种各样的虫儿，因为它们都是打洞的高手，所以住宅都在地底下。

䴙䴘是一种善于潜水的鸟，它们的巢建在水上，这正符合它们喜水的习性。䴙䴘的巢用沼泽里生长的草、芦苇和水藻堆积而成，就像一个小巧的木筏，能够平稳地浮在水面上。䴙䴘就住在这样一个浮动的房子里，在水面上漂来荡去。

除了以上这些，还有一些居民把自己的房子建在水底下，比如河榧子和银色水蜘蛛。

住宅大比拼

　　我们的通讯员想找到一所最好的住宅。可是看了这么多的住宅，真要确定哪一所最好，却不是一件容易事呢！

　　在所有的住宅里，要说面积最大的，当然要数雕的巢。雕的巢用粗树枝搭成，架在又大又粗的松树上。

　　说了最大的巢，那谁的巢又最小呢？那要数黄脑袋戴菊鸟的巢了，它的巢只有拳头大小，这么小的巢能装得下它的身体吗？原来，黄脑袋戴菊鸟的身体比蜻蜓还要小，难怪它的房子要建得这么小呢！

　　田鼠是天才的建筑师，它的住宅盖得非常巧妙。除了有许多前、后门，它还给自己的小家设

计了太平门。这是它最好的藏身之处，不管你费多大的劲儿，也休想把它堵在家里捉住它。

卷叶象鼻虫是一种长有长嘴巴的昆虫，它的住宅很精致。这样精致的住宅是卷叶象鼻虫花费了很大力气才建成的。建房子时，它会把白桦树叶的叶脉先咬去，等叶子开始枯黄以后，再用唾液作为胶水把叶子粘起来，使其成为一个圆筒。这个圆筒状的小房子以后会成为雌卷叶象鼻虫的产房，它就在这里产卵。

戴领带的勾嘴鹬和夜游神欧夜莺懒惰又怕麻烦，沙滩、洼地等现成的地方就是它们再简单不过的家。勾嘴鹬可以不加选择地把它的四个蛋下在小河边的沙滩上，毫不讲究住宅舒适性和安全性的欧夜莺则把蛋下在树底下枯叶堆里的坑洼之处。对于这两种鸟来说，建造房子实在是一件太费功夫的事，所以它们随遇而安，从来不在建房子的事情上劳神费力。

有一类叫反舌鸟的鸟，它们建造的小房子最漂亮。高大笔挺的白桦树是反舌鸟为自己的小巢寻找的最好的定居之处，它会把巢搭在白桦树枝上，并用苔藓和轻巧的桦树皮装饰起来。我们的通讯员还看到它的巢里有些五颜六色的纸片，原来这是它在附近一所别墅的花园里捡来的，用这些漂亮的纸片做装饰，这样的小巢不美才怪呢！

最舒适的住所是长尾巴山雀的巢。这种山雀因为身子很像一个舀汤用的长柄勺儿，所以有个外号叫"汤勺子"。长尾巴山雀的巢分为两层，里层用绒毛、羽毛和兽毛编织而成，外层用苔藓粘成，整个巢的形状如同一个圆圆的小南瓜。在巢的顶部正中间的位置，细心的长尾巴山雀还给自己留了个便于进出的小圆门。

最轻便的房子当然是河楣子幼虫的小房子了。河楣子是一种长翅膀的昆虫，不过它们的幼虫却没有翅膀，而且全身光秃秃的。成年的河楣子飞累了，停下来歇息时，会把翅膀收拢，盖在脊背上，这样正好可以把全身遮住，而河楣子的幼虫只能光着身子。这些小家伙生活在小河和小溪的底部，虽然它们很小，却也会给自己寻找现成的房子，一根细细的树枝或者芦苇秆就可以成为河楣子幼虫的安身之处。

如果这根树枝刚好和自己的脊背差不多长短，那小家伙只需把一个用泥沙做成的小圆筒粘在上面，然后倒着爬进去，就可以舒舒服服地睡觉了。这样的小房子实在是够轻便，河楣子幼虫既可以把整个身体都藏进去，在里边舒舒服服睡大觉而不被外界察觉；也可以懒懒地伸出前脚，轻松地背着小房子在河底挪个地方，多有趣、多简单啊！有一只河楣子的幼虫捡到一根落在河底的香烟嘴儿，它就径直钻了进去，这样它就可以免费旅行了。

最奇特的房子是银色水蜘蛛的。它的
房子建在水底,建房子时
它会先在水草间织上
一面蜘蛛网,再用毛茸茸
的肚皮从水面上带来一些气
泡,水蜘蛛就这样生活在这种有
空气的小房子里。

谁还会做巢

我们的通讯员还找到了鱼
窠,还有野鼠窠。

棘鱼为自己造了个结结实实
的窠,这项工作主要由雄棘鱼负责。造窠时雄棘鱼会将一些分量重
的草茎用嘴从河底衔到上面去,这些草茎即使放在河底也不会浮上
来。雄棘鱼家里的墙壁和天花板就是用的这种材料。它们会用唾液
把这些草茎粘牢,再用苔藓把墙壁上的小窟窿一个个补好,最后在墙
上留两扇门就可以了。

野鼠的窠和鸟巢大同小异,也是用草叶和撕得细细的草茎编成
的,就架在离地大约两米高的圆柏树的树枝上。

造房子的材料

森林居民们的房子都是用各种各样的材料建造而成的。歌唱家鸫鸟的巢是圆形的，巢的内壁用烂木屑代替石灰粉刷了一遍。家燕和金腰燕用自己的唾沫把烂泥粘起来，建成了结实牢固的巢。黑头莺用细树枝搭巢，再用又轻又粘的蜘蛛网把那些细树枝黏牢，这就成了一个漂亮的小窝。

有一种叫䴓鸟的小鸟，建造自己的小窝时，它们喜欢在挺直的树干上，头朝下地跑上跑下。它挑选那些洞口较大的树洞作为房子，因为担心松鼠会闯入自己的巢里去，它还会用胶泥把洞口封起来，只留个仅供自己能挤进去的小洞。

有着蓝绿相间，夹杂着咖啡色斑纹羽毛的翠鸟建造的巢最有意思了。它会先在河岸上挖一个很深的洞，然后捡来很多细细的鱼刺铺在洞里，这样它就有了一张柔软舒适的床垫子。

借用别人的家

在森林里，也有一些居民不会自己造房子，

还有些居民完全是懒得自己造房子，那它们就只好借用别人的家了。

杜鹃喜欢占据鹡鸰、知更鸟、黑头莺以及其他会筑巢的小鸟的家，它常常把自己的蛋下在这些鸟儿的巢里。

森林里的黑勾嘴鹬如果有幸找到一个废弃的乌鸦巢，就会乐不可支地在里边孵起小鸟来。

船钉鱼非常喜欢没有主人的虾洞。这种小洞通常在水底的沙岸壁上，船钉鱼如果发现这里没有主人，就会不慌不忙地搬进去，然后安心地在里边产卵了。

有一只麻雀，它靠着自己的聪明脑袋，把自己的家安放在一个令人意想不到的位置。起初，它在屋檐下造了个巢，结果被顽皮的男孩子给捣毁了。后来，它又在树洞里安家了，可没多久伶鼬偷走了它所有的蛋。后来，麻雀想到了一个好办法，它干脆把自己的巢安置在雕的大巢旁边。雕的大巢是用又粗又壮的树枝搭成的，麻雀把它的小巢安置在这些粗树枝之间，地方绰绰有余。这样，麻雀再也不用担心男孩子来捣乱，不怕伶鼬来偷它的蛋，终于可以安心过太平日子了。大雕根本不会注意到它这么个小家伙，至于伶鼬、猫、鹰，甚至那些男孩子自然也都不敢来，因为谁都不敢惹大雕呀！

森林里的集体宿舍

森林里也有大公寓。在蜜蜂、黄蜂、丸花蜂和蚂蚁建造的大公寓里,可以住得下成千上万的房客呢。

秃鼻乌鸦把果园、小树林作为自己的移民区,它们在那里建造了许许多多的巢,完全成了一个小王国。鸥占据了沼泽、沙岛和浅滩。成群的灰沙燕在陡峭的河岸上安家,它们在那里凿了无数的小洞,把整个河岸搞得千疮百孔,如同一个大筛子。

巢里的蛋

巢里能有什么呢?这个问题不难回答,当然是蛋啦。而且,不同的鸟儿会产出不同的蛋。比如,勾嘴鹬的蛋上布满了大大小小的斑点,而歪脖鸟的蛋是白色的,上面稍微带点粉红色。为什么会这样呢?

其实,不同的鸟儿产不同的蛋并非无缘无故,而是有科学道理的。就拿歪脖鸟和勾嘴鹬来说吧,歪脖鸟的蛋总是产在深邃而黑暗的树洞里,因为这样不会轻易被别人发现;勾嘴鹬的蛋却下在草窝里,完全暴露在外面。如果它们的蛋是白色的,那很容易就会被发现。现在,它们的蛋的颜色跟草窝的颜色很相近,放在草窝里被周围的杂草遮住以后就不容易被发现了。

野鸭的蛋差不多也是白的,而且它们的巢在草丛里,同样毫无遮拦。为了保护好自己的蛋,野鸭不得不使个小花招,它们每次离开自己的巢时,都会在自己的肚子上啄下几根绒毛盖在蛋上,这样,别的动物就不会发现它的蛋了。

鸟儿们的蛋除了颜色不同,连形状也各有千秋。比如,勾嘴鹬的蛋是一头尖的,而猛禽兀鹰的蛋却是圆的,这是为什么呢? 这个道理其实很简单。勾嘴鹬是一种体形较小的鸟,它的身体只有兀鹰的五分之一,不过它的蛋却很大。这些大个头的鸟蛋几乎个个都是一头尖,你想想,这么大的蛋如果不是一头尖,又怎么能在鸟窝里放得下呢? 正因为它的一头是尖的,如果小头对小头地把蛋放在鸟巢里,不但可以节省很大空间,还能使勾嘴鹬用它那小小的身体盖住全部的蛋,放心地孵小鸟了。

可是,为什么小小的勾嘴鹬的蛋会跟大兀鹰的蛋差不多大小呢? 这个问题,我们要等到雏鸟出壳时,在下期《森林报》上告诉大家答案了。

狐狸赶走了老獾

狐狸家里最近发生了一件倒霉事:它洞里的天花板塌了,差一点儿把小狐狸给压死。狐狸一看,这下坏了,非搬家不可了。于是,它就到老獾家里去了。

狐狸早就听说老獾是个挖洞高手,这次到人家家里一瞧,果不其然,老獾给自己挖了一个非常漂亮的洞穴,这个洞穴里的出入口有好多,地道也让人眼花缭乱,这些都是为了防备敌人偷袭逃生时用的。这样的设计真是细致又周到啊!更重要的是,老獾的洞穴非常宽敞,住两家人完全不成问题。

拖家带口的狐狸央求老獾分一间屋子给它住,没想到老獾一口回绝了它的请求。其实这也不能怪老獾,谁都知道老獾爱干净、爱整齐,无论做什么都不肯马虎了事,更见不得家里一点儿脏、一点儿乱。这样一个有洁癖的主人,怎么能随便让一户有孩子的人家住进自己家呢?

可怜的狐狸

因此被老獾撵

了出去。

"好哇!"狐狸气得牙痒痒,它心想:好你个老獾,等着瞧吧!

狐狸假装很生气,气咻咻地到树林里去了,其实它就躲在灌木丛后边。老獾从洞里探出头来张望了一下,没看到狐狸的踪影,这才爬出了洞,放心地到树林里去找蜗牛吃。

狐狸见老獾走远了,一溜烟儿窜到了獾洞里,在地上拉了一泡屎,把整个屋子弄得又脏又臭。看着自己的"杰作",狐狸暗自窃喜,然后溜之大吉了。

老獾在树林里捉了不少蜗牛,饱餐一顿后,腆着肚子回到了家。它老远就闻到一股恶臭味儿,等到了家门口,一瞧,好家伙!家里脏得简直让它没处落脚了!哪个缺德的家伙干的好事?老獾气呼呼地骂了一阵,骂够了,它只好无可奈何地离开了家,到别的地方又为自己挖洞去了。

哈哈,老獾中计了!这正是狐狸求之不得的。

狐狸看着老獾骂骂咧咧地寻找新的安家之所了,它赶忙跑回家,把小狐狸一个个叼在嘴里,带到了老獾的洞穴。不,现在这可是狐狸的新家。就这样,狐狸喜滋滋地带着自己的孩子在这个舒服的獾洞里住下了。

有趣的浮萍

　　每到六月，池塘里便铺满了浮萍。有人把浮萍叫作苔草，其实苔草是苔草，浮萍是浮萍，这两者并非一回事。浮萍是一种特别有趣的植物，它和其他植物有很多不一样的地方。比如它的根又细又小，上面还长着一些小绿片。这些小绿片浮在水面上，上面还长有一个又长又圆的凸起来的东西，这就是它的茎和枝。

　　一般情况下，浮萍是不开花的，但有时也会开出几朵小花来，而且它还没有叶子。浮萍不像开花植物那样以花朵作为自己的繁殖器官，它不用开花，因为繁殖后代对它而言，实在是再简单不过的事。人们只需从它的茎上折下来一个小枝儿，它就能由一棵变两棵，甚至繁衍出更多后代。

　　浮萍不喜欢长久地待在一个地方，它的生活自由自在，没有任何牵绊，因为什么也不能把它拴在一个地方。当一只野鸭游过它的身边时，浮萍就会设法把自己挂在野鸭的脚上，这样它就可以搭乘免费的顺路车，从一个地方轻松到另一个地方了。

尼·巴甫洛娃

矢车菊变戏法

在草场和空地上,紫红色的矢车菊开花了。我一看见它,就想起伏牛花来。因为这两种花有一种相同的本领:它们都会变戏法。

矢车菊的花构造并不简单,它是由许多小花组成的花序。它上面的那些蓬松的、犄角似的漂亮小花,都是些不结籽儿的空花。真正的花是许多暗红色的细管子。这种细管子里有一根雌蕊和好几根会变戏法的雄蕊。如果你不小心碰到了那些暗红色的细管子,细管子就会往旁边一歪,从管子的小孔里冒出一小股花粉来。要是过一会儿你再碰它一下,它仍会向旁边一歪,又冒出一股花粉来。瞧见了吧,这套戏法是不是很有趣呢?

矢车菊的这些花粉可不能浪费。每当有昆虫向它要花粉,它都会慷慨地拿出一些给它们,好像在说:"拿去吧,都拿去吧。拿去吃也行,沾在身上也行,只要多少带点儿到另一朵矢车菊上面去就成了。"

瞧,多有意思的矢车菊啊!

尼·巴甫洛娃

神秘的夜行大盗

自从森林里出现了那个神出鬼没的夜行大盗，居民们个个都不得安宁了。每天夜里，总有几只小兔子失踪。那些其他的小动物，小鹿呀、琴鸡呀、松鸡呀、榛鸡呀、兔子呀、松鼠呀，每天天一黑就开始惶惶不安，好像要大难临头似的。因为那个神秘的凶手总是突然出现，让大家防不胜防。有时候它会从草丛里"嗖"地蹿出来，有时候它又会在灌木丛里一闪而过，有的时候它甚至还会出现在树上，好像这凶手根本不是一个，而是很多呢！

几天前的一个夜晚，森林里的小獐鹿一家到空地去找吃的，就遭到了强盗的袭击。两只小獐鹿和它们的爸爸妈妈当时正在一块草地上吃草，獐鹿爸爸在草地边一处灌木丛附近放哨，两只小獐鹿和獐鹿妈妈在一起。这时，一个乌黑的影子突然间从灌木丛里跳了出来。说时迟那时快，这个黑影只一蹦，就扑到了雄獐鹿身上。雄獐鹿几乎都没有挣扎就倒在了地上，惊慌失措的雌獐鹿赶紧带着两个孩子没命地逃进了森林中。

第二天清晨，雌獐鹿再回到空地上时，看到雄獐鹿只剩下两只犄角和四个蹄子了。

昨天晚上受害的是麋鹿。它在经过一片草木丛生的密林时，看见一棵树的树枝上好像有个样子怪怪的大木瘤。在森林里，麋鹿算得上是条壮汉，它不仅长得高大结实，而且还有一对大犄角，它还用怕谁呢？连熊都要让它三分呢！可是就在昨天夜里，麋鹿竟然遭到了袭击。

它在走到长有"大木瘤"的那棵树下时，正要抬起头来仔细瞧瞧树上的木瘤到底是怎么回事，却有一个足有三十千克重、令它至今回想起来都后怕不已的大家伙突然压到了它的脖子上。

幸好当时麋鹿的反应够快，虽然这种突袭让它大吃一惊，不过麋鹿很快把脑袋猛地用力甩了一下，这才把背上的那个大家伙给抛了出去。然后，它拔腿就跑，连头都不敢回。也就是因为这样，所以到现在为止，它还没有搞清楚夜里袭击它的究竟是谁。

要知道，我们这儿的树林里没有狼。就算有，狼也不会爬到树上

去啊！熊呢，这个季节熊正躲在树荫下
避暑，懒得动弹呢！再说，熊也不会从树上
一下子蹦到麋鹿的脖子上去，就它那笨重的样
子哪能有这么灵活的身手呢！那么，这个神秘的夜行大盗究竟是谁
呢？目前，事情的真相仍是一个谜。

突然失踪的蛋

　　我们的通讯员在森林里找到一个欧夜莺的巢。当通讯员走过去
时，正在孵蛋的雌欧夜莺受到惊吓慌忙飞走了，只在临时用来筑巢的
那个坑里留下了两枚蛋。我们的通讯员没有惊动欧夜莺的巢，只把
这个巢所在的地点准确无误地记了下来。

　　一个钟头以后，通讯员又回到那里去看这个巢，令他们感到惊奇
的是：巢里的蛋不翼而飞了！

　　蛋哪里去了？这个问题困扰了通讯员两天。两天后，他们才搞
明白，原来是雌欧夜莺担心有人会来捣毁它的巢，偷走它的蛋，于是
把两枚蛋都衔到别处去了。

真相是什么?

(《神秘的夜行大盗》之跟踪报道)

今天夜里,树林里又发生了一起谋杀案,被害者是一只松鼠。我们的通讯员查看了一下出事的现场,根据凶手在树干上和树底下留下的脚印,猜测凶手应该是"残酷的林中大猫"——猞猁。

如今,那些小猞猁都已经长大了。它们的妈妈正带着它们满林子乱窜,在一棵棵的大树上爬来爬去。林子里的居民谁要是在天黑以前没躲好,遇上它们,那可就要遭殃了!

个小·胆子大的棘鱼

雄棘鱼在水里给自己建了一个新家,房子盖好了以后,它带着新婚妻子回到了家。棘鱼太太从家里的前门进去,产下鱼子,然后立刻从后边的门游出去。这一去,它就再也不回来了,而雄棘鱼则又开始寻找第二任妻子,然后是第三位、第四位。可是这些棘鱼太太实在是缺乏责任心,它们产下鱼子后就统统跑掉了,把抚育后代的责任全丢给了自己的丈夫。

不久之前,一条贪吃的鲈鱼闯进了雄棘鱼的

家。房子的主人毫不畏惧地冲了上去，跟那个大块头的怪物展开搏斗。鲈鱼全身披盔戴甲——被鱼鳞覆盖着，只有腮部裸露在外。小个子的雄棘鱼看准了这一点，它竖起身上所有的刺，对准鲈鱼的腮戳了上去。这一招又准又狠，鲈鱼一下子受到了教训。

奇怪的"鼹鼠"

我们的一位森林通讯员，从加里宁发来这样一份报道："为了练习爬树，我竖立了一根杆子。在掘土的时候，我掘出了一只'小野兽'，不过我不知道它到底是什么动物。它的前掌长有脚爪，背上有两片翅膀一样的薄膜，身上布满了棕黄色的细毛，好像又细又密的兽毛。这只小怪兽大约有五厘米长，长得有点儿像黄蜂，又有点儿像田鼠。可是它有六只脚，如果从这一点上看，我觉得它应该是某种昆虫。"

编辑部的回复

　　这种与众不同的昆虫，实际上就是蝼蛄。蝼蛄看上去确实有点儿像小野兽，这也难怪它会有一个走兽般的外号，叫"赛鼹鼠"。蝼蛄和鼹鼠一样，都有着宽阔的前爪，都是掘土的好手。它的前爪还有一个显著的特点，那就是长得像剪刀似的。蝼蛄在地底下往来穿梭时，就是靠这对剪刀似的前爪来剪断植物的根茎。对块头大、力气也大的鼹鼠来说，做这种事就要简单多了。对付植物长在地下的根茎，鼹鼠只需要用它那强有力的爪子一抓，就可以抓断了，要不然它也可以用它那锐利的牙齿把根茎咬断。

　　蝼蛄的两腭上生着一副锯齿状的薄片，好像一口锋利的牙齿。

　　蝼蛄一生中的大部分时间都是在地底下度过的。它喜欢在地下到处挖地道，像鼹鼠那样把卵产在自己挖好的地道里，然后在上面弄个小土堆，好象鼹鼠的窝一样。除此之外，蝼蛄还有两扇又软又长的大翅膀，它的飞行本领很高，在这方面鼹鼠可就远不及它了。

　　在加里宁地区，蝼蛄并不多见，在圣彼得堡就更少了。可是在南方各地，特别是越往南去的一些地方，就可以经常见到这种小昆虫了。

　　谁要是想找到蝼蛄这种独特的昆虫，那就到潮湿的土里找吧，最好是在水边、果园里和菜园里。你可以用下面这个方法捉到它：先选定一个地方，然后每天晚上往这个地方浇水，并且用碎木屑把这个地方盖起来。到了半夜里，不用你说蝼蛄就会很自觉地钻到木屑下的稀泥里去，因为这样的环境正是它们喜欢的呀！

多亏了刺猬

一大清早，玛莎就醒来了。她急急忙忙地穿上衣服，也顾不得穿鞋，就光着一双脚，急匆匆地跑到树林里去了。

树林里的小山冈上长出了许多草莓果。玛莎手脚麻利地采了一小篮，转身跑回家。一路上，她的心情格外好，还蹦蹦跳跳地跑过了一片被露水沾湿了的冰凉的草地。跳着跳着，冷不防脚底下一滑，她痛得大叫起来。原来她的一只脚从一个草墩上滑了下来，不小心被什么尖锐的东西戳得流血了。

这时，正好有一只刺猬就蹲在草墩下，它把身子蜷成一团，正朝着玛莎大叫呢。玛莎疼得哭起来，她一屁股坐到旁边的草墩上，用衣服擦着脚上的血。刺猬好像知道自己弄伤了别人，也不叫了。

就在这个时候，一条背上有锯齿形黑条纹的大灰蛇不知从哪里窜了出来，它径直朝玛莎爬了过来。这是一条有毒的蝰蛇，玛莎被它那凶恶的样子吓得胳膊和腿都软了。蝰蛇"嗞嗞"地吐着它那叉子似的芯子，扭动着身子朝着玛莎爬过来，离玛莎越来越近。

在这紧要关头，小刺猬忽然挺直了身子，小腿儿一蹬，猛地向蝰蛇冲过去。蝰蛇看到刺猬像个炮弹似的向它直直地冲过来，立即抬起上半身，像根鞭子似的向刺猬抽了过来，可是刺猬身手敏捷，它连忙竖起身上的刺迎过去。蝰蛇一见大事不妙，想掉转身逃走。刺猬却不依不饶，一下子扑到它身上，从背后咬住蝰蛇的脑袋，还不停地用爪子拍打着蝰蛇的脊背。

玛莎这时候才清醒过来，她连忙跳起来，跑回家去了。

我家的客人

我在树林里的一个树桩旁，捉到一只蜥蜴，就把它带回家了。我想给它打造一个舒适的家，于是就找来一个大玻璃罐，往里面铺了一层砂土和石子，这就成了蜥蜴的新家了。蜥蜴对我安排的这个新家也比较满意，它安心地住了下来。

为了照顾好这位小客人，我每天都要给它换水、换草，还特意捉来苍蝇、甲虫、虫子的幼虫、蛆虫以及蜗牛放到玻璃罐里，这些都是蜥蜴爱吃的食物。我的客人胃口非常好，它狼吞虎咽，大口地吞食着。有一种生长在甘蓝丛中的白蛾子是蜥蜴特别爱吃的食物。

在进食这种白蛾子时,蜥蜴表现得很专业。当它发现猎物时,会迅速地把小脑袋一转,然后朝着白蛾子张开嘴,吐出它那叉子似的小舌头,再突然一跃而起,向那美味的食物猛扑过去,那情形活像一只饿狗看到了肉骨头。

一天清晨,我在玻璃罐底层的砂土里发现了十个椭圆形的白色的蛋,那些蛋的蛋壳又软又薄。我的客人为此还专门挑了个能晒到太阳光的地方孵蛋。一个多月以后,这些蛋全破了,十个动作灵敏的小家伙从破损的蛋壳里面探出头来。这是一群刚出生的小蜥蜴,它们长得简直和它们的妈妈一模一样。

这会儿,这一大家子全都爬到了小石头上,正在那儿懒洋洋地晒太阳呢!

森林通讯员 谢斯佳科夫

摘自少年自然科学家的日记

燕子筑巢记

6月25日——时间又过去了一天,这些日子我一直在关注着一对燕子夫妻,并亲眼见证了它们为了建造自己的新家而付出的辛勤劳动。两只燕子每天辛辛苦苦地衔泥筑巢,常常是一大清早就开始干活儿。

中午的时候它们会歇息两到三个钟头，然后又精神抖擞、全力以赴地投入到修补工作中，就这样一直忙到太阳下山前一两个钟头。它们老是不停地把那些湿泥粘上去，我看着都为它们着急，要知道那些湿泥是粘不住的，至少得让泥巴干一干才行啊！可是它们似乎并不理解我的心情，照旧勤勤恳恳地忙碌着。在它们的共同努力下，那个巢一点一点地大了起来。

在两只燕子干活的时候，有时还会有别的燕子飞来拜访它们。这段时间如果大猫费达谢奇刚好不在房顶上，这些小客人就会在梁木上多待一会儿，和新居的主人叽叽喳喳，和和气气地聊天。两位主人也很好客，它们从来不下逐客令。

今天我去看时，那个燕子巢已经像个下弦月了，就是月亮由圆变缺，两只尖角朝右时的那种样子。到这时我才突然想明白了一个问题，为什么燕子巢会变成现在这个样子，为什么巢的两边不是以同样的速度增大增高的。这主要是因为巢是由雄燕子和雌燕子一块努力建造的，可是它们两个干活的认真劲儿、卖力程度却不一样。我观察过，雌燕子每次衔泥飞回来的时候，头总是往左歪，它干活非常仔细，常常一个劲儿地往左边粘泥，并且飞出去衔泥的次数要远远超过雄燕子。而雄燕子呢？它常常一飞走就是好半天，我暗暗地想：说不定它是和别的燕子嬉戏打闹去了呢！这只雄燕子啊，真是一只大懒虫！

雄燕子衔着泥巴飞回来时头总是朝着右边，由于它干活爱偷懒，当然就落在雌燕子后面了，而它负责的那右半边巢自然也就比左半边短一些。就是因为这样，燕子巢两边的增长情况才这么不均匀啊！

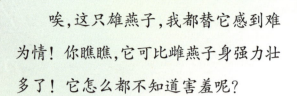

唉，这只雄燕子，我都替它感到难为情！你瞧瞧，它可比雌燕子身强力壮多了！它怎么都不知道害羞呢？

6月28日——连着几天，我发现那两只燕子已经不衔泥了，它们开始往巢里衔干草和绒毛做垫子，这是在装饰新家呢。我真没想到，它们把新家的工程估计得这么周到！原来，从设计的科学性上讲，燕子巢就应该一边比另一边大一些。当雌燕子把巢的左边堆到顶部时，雄燕子的右半边巢却始终没有堆完，这样就形成了一个缺一个角的泥圆球，在这个泥圆球的右上角处有一个洞口。不用说，燕子的巢就应该是这个样子的，这是人家新居的大门啊！不然的话，两只燕子怎么进家门呢？闹了半天，当初我说雄燕子偷懒，完全是错怪人家了！

今天是雌燕子第一天留在家里过夜。

6月30日——两只燕子的巢做好了。最近，雌燕子老待在巢里足不出户，我猜它大概是产下第一枚蛋了。雄燕子这两天也显得格外勤快，它不时地给雌燕子衔一些小虫儿来，还兴奋地围着雌燕子不住地唱啊，唱啊，完全是一副将为人父的欢喜劲儿。

之前来拜访的那一批燕子也飞来了，这次是专门来祝贺燕子夫妇的。它们一只接一只地从巢旁飞过去，伸出圆圆的小脑袋使劲儿地向巢里张望着，一个劲儿扑打着翅膀。这时候，女主人的头也正探向门外，说不定它们在用热烈的亲吻来祝福这位幸福的女主人呢！

客人们叽叽喳喳地热闹了一阵子就散了。

那只大猫时常爬上屋顶，从梁木上往屋檐下张望。那副急不可耐的样子真是逗人，它是不是也在焦急地等待巢里的小燕子出世呢？不过，谁知道它安的是好心还是坏心呢！

7月13日——两个星期以来，雌燕子一直待在巢里。每天只有在中午阳光最灿烂、一天里面最暖和的时候，它才飞出来一会儿，这应该是因为那时候娇嫩的蛋不容易受凉吧。出来透气的时候，雌燕子会先在屋顶上盘旋一阵，顺便捉几只苍蝇填填肚子。然后，它飞到池塘边，低低地掠过水面，喝一点儿水。喝够了，它就又会飞回到巢里去。

不过今天却有些奇怪，因为燕子夫妻开始一同忙忙碌碌地在巢里飞进飞出了。有一次，我看见雄燕子嘴里衔着一块白色的甲壳，雌燕子嘴里衔着一只小虫儿。我欣喜地想，它们的宝宝一定已经出生了。

7月20日——今天燕子夫妻遇到了一起突发事件。大猫费达谢奇不知什么时候悄悄爬上了屋顶，它几乎把整个身子都从梁木上倒挂下来，正试图用爪子偷袭巢里的小燕子呢。那些出生不久的小燕子在巢里啾啾地叫着，好可怜呀！

就在这个节骨眼儿上，不知从哪儿飞来一大群燕子。远远地，就听见它们大声鼓噪着。它们飞得很急，差不多要撞到大猫的脸上了。真危险！一只燕子险些被猫儿捉住！不得了啦，猫儿又向另外一只燕子扑去了！

哎呀！这个灰毛的大强盗扑了个空，脚下一

滑，"扑通"一声居然从房梁上掉下去了！

所幸大坏蛋没有摔死，不过伤得也够重的，这下可有得它受了。费达谢奇可怜巴巴地连声叫苦，它一边呻吟一边用三只脚一瘸一拐地走了。

这就叫自作自受，这下子它可再也不敢打燕子的主意了。

通讯员　维利卡

燕雀母子

我家的院子里种着很多树，树下满是花草，这个季节正是绿树成荫、花草繁茂的好时候。

有一天，我在院子里走着，突然一只小燕雀飞到了我的脚底下。它看上去好像出生没多久，小脑袋上有两撮绒毛，好像两个犄角。它还不太会飞，飞了短短的一段距离后，它又落了下来。

我轻易地就捉住了它，然后把它带回了家。父亲看到后，叫我把它放在打开的窗户前。过了不到一个钟头，小燕雀的爸爸妈妈就飞来喂它了。就这样，小燕雀在我家里住了一天。晚上睡觉前，我关上窗户，把小燕雀放在了笼子里。

第二天早晨五点钟我醒来的时候，看见小燕雀的妈妈正焦急地蹲在窗台上，嘴里叼着一只苍蝇。我急忙起床，打开窗户，然后自己躲在屋子的角落里暗暗观察。

待了一会儿后，燕雀妈妈飞走了。过了没多久，它又飞了回来，落在窗台上。小燕雀叽叽喳喳地尖叫起来，张着小嘴要东西吃。这时候，燕雀妈妈才下决心飞进屋里来，蹦到笼子跟前，隔着笼子喂小燕雀。

后来，趁着燕雀妈妈飞出去找食，我把小燕雀从笼子里拿出来，放到院子里的空地上。

等我想起来再去看看小燕雀时，它已经不在那里了。我想，一定是燕雀妈妈把孩子领走了。

贝科夫

不妨试试吧！

据说，在那些上面没有顶棚，周围有铁丝网的养禽场上，或者在没有顶的笼子上面，人们只需要交错着拉上几根绳子，就能够逮住那些在夜里偷袭家禽的小偷了。因为猫头鹰、雕鸮这些偷鸡贼在扑向铁丝网或笼子里的家禽以前，常常会先落到绳子上歇歇脚。可能在猫头鹰看来，这些绳子是足够坚固的吧。它们怎么也不会想到，这些绳子会这么细，而且绷得很松。这样一来，只要它们一落到绳子上，立马就会来个倒栽葱。

这些猛禽跌个倒栽葱以后，还会傻乎乎地用爪子紧紧抓住绳子，一直在那头朝下挂着直到第二天早晨。在这种情况下，它们为什么不敢扑腾一下翅膀，试着能不能飞起来呢？这大概是因为它们害怕跌下来掉到地上会摔死吧。等到天亮了，你就可以去把这些小偷从绳子上取下来，这时它们也只能乖乖地束手就擒了。

小鱼的预测

你有没有听说过这样一件事：如果你想从哪个湖或哪条河里钓鱼，可以先从那个湖或河里捞出几条小鲈鱼来，养在鱼缸或盛果子酱的大玻璃罐里。这样，通过这些小鲈鱼的表现，你就随时可以知道，你计划好的那一天到底是否适宜去钓鱼。

在你准备出发去钓鱼以前，你最好先给鱼缸里的小鲈鱼喂一点儿东西吃。要注意观察它们的反应：如果小鲈鱼很兴奋欢快地游过来吃东西，就说明这天鱼儿们的食欲很好，鲈鱼将和其他的鱼争先恐后地吞食鱼饵，也就是说这天你将很容易钓到鱼；相反,如果鱼缸里的鱼不吃食,就说明那天湖里或河里的鱼食欲不太好,说明气压有了变化,很可能马上要变天气了,也许还会有雷雨。

大家之所以会用小鲈鱼来预测你当天钓鱼的运气,这是因为鱼儿对空气和水里的一切变化非常敏感。根据它们的作息规律,气象专家可以预言数小时后的天气。

捉虾的技术

每年的5~8月是捉虾的好时节。要想捉到虾,了解虾的生活习性是必不可少的准备工作。

小虾是从虾子里孵化而来的。每只雌虾最多有一百多粒虾子,到了初夏,虾子会自动裂开,许多跟蚂蚁一样大小的小虾就从这里孵化出来了。冬天,虾会在河岸和湖岸上的小洞穴里过冬。

虾出生后的第一年就要换八次甲壳,这些甲壳其实是它们的外骨骼。小虾长成大虾以后,就会每年换一次了。每次换壳的时候,虾在把旧甲壳脱掉后,会光着身子在洞里躲上一段时间,这样一直到它身上的新甲壳长硬了,才敢出来。虾之所以要在这个时节躲躲藏藏,是因为许多鱼都爱吃脱了甲壳的虾。

你也许不知道，虾还是夜游神呢。它喜欢在大白天里蜗居洞中，但如果周围有猎物的微小动静，它就会立马从洞里蹿出来。虾的食性比较杂，水里的一切小鱼、小虫都是它的食物。不过它最喜欢吃的东西是腐肉。即便隔得老远，虾都能闻到腐肉的气味。

那些擅长捉虾的人都很了解虾喜食腐肉这一习性，所以他们常常用小块的臭肉、死鱼等做饵食，诱捕虾，趁着虾晚上出洞觅食，在水底头朝前徘徊寻食的时候设法捉住它(虾只在逃走的时候，才会向后倒着走)。

捉虾时，要先把饵食系在虾网上，虾网则要绷在两个直径在30~40厘米之间的木箍或铁丝箍上。捉虾的过程中务必要留意一点，一定不能让虾刚一进网就把网内的腐肉拖走。除了这个方法，还有一些比较复杂的捉虾的方法。比如，你可以在水浅的地方涉水找到虾洞，然后用手捉住虾的背，把虾硬生生从洞里拽出来。当然啦，这个方法会有点危险，因为你的手指头可能会被虾钳住。

捉到了虾，第一件要做的事就是享受这胜利的美味。如果你随身带着一口小锅、葱、姜和盐等调料，那你就可以在野外煮上一锅水，把虾和葱姜一起放在锅里煮着吃。在凉爽的夏夜，仰望着璀璨的星空，在小河边或湖边的篝火旁烧虾吃，那该是何等的惬意啊！

大象跑到了天上

　　天上飘来一块乌云，黑压压的，好像一头大象似的。这头大象的长鼻子不时地被拖到地上，长鼻子一触到地，立刻就扬起了一片尘埃。那尘土越聚越多，形成了一根大柱子。灰尘柱子不停地旋转，最终和天上的大象鼻子连到了一起，成了一根巨大的柱子。突然之间，大柱子被大象一把搂在了怀里，飞快地向天空中的另一个方向奔去了。

　　这头大象虽然身形庞大，动作却一点儿不笨。它很快地跑到一座小城市的上空，悬在那里不走了。忽然，从它身上抖落了好多大雨点，简直是倾盆大雨。雨点落在屋顶，落到人们头顶的伞上，乒乒乓乓地响了起来。咦？真奇怪，这声音可完全不像雨点的声音啊！那还有什么呢？是蝌蚪、小蛤蟆和小鱼，天上居然下起了小鱼！

　　到底发生什么事了？原来，那块大象似的乌云，借着龙卷风的帮忙，从一座森林中的小湖里吸起了大量的水。吸水的时候，它连同水里的蝌蚪、蛤蟆和小鱼都吸了上来。飘啊飘，在天上飘了好长的距离后，它又把自己携带的全部东西丢在小城市里，然后又继续向前飘走了。就是因为这样，才有了天上下小鱼、蝌蚪和蛤蟆的怪事。

钓鱼的绝招

夏天，每逢刮大风或有雷雨的时候，鱼儿就会游到避风的地方去，比如深坑呀、草丛呀、芦苇丛呀。如果接连好几天的天气都是阴沉沉的，总不见好转，那么所有的鱼儿都会游到最僻静的角落去，变得毫无生气。

天热的时候，鱼儿们会选择那些有泉水从地下往上冒的地方避暑纳凉，因为这些地下泉水会把地上的水变凉。天太热，鱼儿会和人一样，食欲大降，所以在夏天的晌午去钓鱼，肯定会一无所获。相反，如果你是在有着凉爽清风的早晨或暑气略消的傍晚时分去钓鱼，这才有足够的把握让鱼儿上钩。

钓鱼要用鱼饵，鱼儿最喜欢的食料是油麻饼，这种鱼饵会散发出新鲜的麻油味，鲫鱼、鲤鱼以及许多其他种类的鱼都非常喜欢这种气味。如果你想满载而归，那你最好能选择一个鱼儿最常出没的较为凉爽的水域。为了让鱼儿上钩，你得花点儿心思天天在这儿撒饵食喂它们，使鱼儿习惯这个地方。等这些素食的鱼儿喜欢上这里以后，鲈鱼、梭鱼、刺鱼、海马等肉食鱼也会跟在它们后面游到这里来。

短暂的小雨或雷雨会把水变凉，大大地激发鱼儿的食欲。而大雾散去，天气转晴以后，鱼也容易上钩。

除了用带浮标和不带浮标的普通钓鱼竿钓鱼以外，你还可以乘小船一边划船一边钓。在用这个方法钓鱼之前，你得先预备好一根长约五十米的结实的长绳子，并且要在绳子一端需要人用手拉的地方接上一段钢丝或牛筋,然后还得准备一条假鱼。钓鱼时,你先要把假鱼拴在绳子上,拖在小船后面。船上至少得保证有两个人,一人划船,一人负责拉绳子。当这条假鱼被拖着在水底或水中游走时,鲈鱼、梭鱼、刺鱼等凶猛的大鱼一看见有"鱼"在自己头上游过,就会信以为真,奋不顾身地扑过去一口吞下。当它们一触动绳子,捉鱼的人就能感觉到,这时你把绳子慢慢往回收,鱼就上钩了。

在湖边,最适于用假鱼和长绳子钓鱼的地方,是又高又陡,并且长满了灌木的峭壁下,一些被枯树杂木填满的深坑里,以及那些水面宽阔,长有芦苇或草丛的地方。如果是在河里捉鱼,那你得选择水深而平静,河面较宽的地方。另外,你还得小心避开石滩和浅滩,最好是在这些地方的上游或下游寻找目标。最后,在用这种方法捉鱼时你还得注意一点,捉鱼时船一定得慢慢地划,特别是在水面较平静时。因为这种条件下,就算隔着比较远的距离,桨只要轻轻地碰一下水面,鱼也能听见。如果你划船的动静比较大,鱼就会被你吓跑了。

绿色朋友

以前，我们的森林好像大得无边无际似的。但是人们不知道森林的重要性，不知道爱惜和保护森林，一直毫无节制地滥砍滥伐，结果使得森林迅速消失，而失去森林的地方则开始荒漠化，成为荒凉的沙漠和峡谷。

因为缺少森林这道屏障的保护，从遥远的沙漠里刮来的炎热的干风向农田发起了进攻。大量的田地被火热的沙子掩埋起来，庄稼也都被烧死了。谁也没有办法去阻挡肆虐的干风和沙子，人们只能眼睁睁地看着庄稼成片的死亡。同样的道理，在江河、池塘和湖泊的周围，如果没有了森林，没法积蓄雨水，原有的积水就会开始干涸，峡谷就会逐渐显露出来，并迅速地向农田地带扩展自己的地盘。

后来，人们终于醒悟过来，并且对干风、峡谷和旱灾举起了反抗的大旗。这时，森林这位绿色的朋友重新得到人们的重视，并成为人们的好帮手。

对那些没有遮荫的江河、池塘和湖泊，以及那些需要得到保护而

不至于遭受烈日炙烤

的地方，我们会先派森林到那

儿去。雄伟的森林就像一位顶天立

地的大汉，它挺起魁梧的身躯，用浓密的头发遮住

江河、池塘和湖泊，以及那些需要保护的地方，不让太阳晒伤它们。

　　狠毒的干风总是从遥远的沙漠里带来热沙，把耕地埋起来。为了保护广大的农田，不叫它们受到干风的侵害，人们在农田周围开始植树造林。森林大汉昂首挺胸，用自己的钢铁身躯组成铜墙铁壁，挡住了来势汹汹的干风。有了它们的保护，农田远离了干风的侵害。

　　如果哪个地方疏松的土地开始往下坍塌，出现峡谷快速扩张、肆无忌惮地啃食农田边缘的现象，我们就在哪儿造林。森林，我们的绿色朋友，此时正在那里用它那有力的根牢牢抓住土地，把土地汇聚到一起，阻挡住到处蔓延的峡谷，让它们不再啃食我们的农田。

　　看吧，一场与干旱做斗争的战斗正在进行。

林子里的战争(续前)

　　大自然里充满了激烈的竞争,在森林里,那些小树苗之间也不例外。这不,受云杉苗的排挤,小白桦也沦落到和草族、小白杨相同的命运了——它们的地盘都被云杉霸占了。现在,在原先那块采伐地上,云杉俨然成为一方霸主,再没有谁敢和它们作对了。我们的通讯员为了更深入地了解云杉称霸的整个过程,卷起帐篷,搬到了另一块采伐地上去了。去年的时候,伐木工人们曾在那里砍伐过树木。在这块土地上,他们亲眼见证了云杉这位强悍的霸主在战争开始后第二年的景况。

　　云杉的种子虽然足够强大,不过它们也有自己致命的弱点:第一,它们扎在土里的根虽然伸得远,可是永远不够深,这使得它们无法保持稳固的根基。正因为这样,所以一到秋天,在辽阔宽敞的采伐地上,一旦遇到狂风肆虐的天气,许多小云杉就会被大风刮倒,被风暴从土里连根拔起来;第二,幼年时期的云杉身体不够健壮,那时候它们都非常怕冷。在北方酷寒的天气里,小云杉树上的芽往往会被冻死,而那些孱弱的树枝也会因禁不住冷风而在寒风中夭折。当春天姗姗来临之际,在那块本来已经被云杉征服了的土地上,

你会惊奇地发现，竟然连一棵小云杉也没有了。

云杉并非每年都会结种子，这使得它们一茬接一茬繁衍后代的进程常常被迫中断。所以云杉尽管很容易就能取得战场上的胜利，但这种胜利只是暂时的，并不稳固，自然也不能持续长久，甚至在很长一个时期内，它们还会彻底丧失战斗力。

而狂暴的草族呢，第二年春天它们刚从土里钻出来时，就摩拳擦掌地战斗起来了。这一次，轮到它们和小白杨、小白桦打仗。春天到来时，小白杨、小白桦都已经长高了。它们不费吹灰之力就轻易地将那些细而有弹力的野草从自己的身上抖落了下去，这些野草落到地上后又紧紧地包围在小树周围。这对小树来说，反而是件好事。因为这些野草枯萎后，它们会像一条厚厚的毛毯覆盖在地上。在腐烂的过程中，它们会散发出很多热量，这让小树们在冬天不会感到太冷。那些新生出来的青草，可以把刚出世的娇嫩的小树苗掩盖着，保护它们，不让它们受到可怕的早霜的侵害。

小白杨和小白桦的生长速度都很快，矮小的青草被它们远远甩在后面。小草如果没有小树苗长得快，它们马上就会陷入暗无天日的境地。因为每一棵小树长到比青草高的时候，就会迅速把自己的枝丫伸展开，这样小草就会被遮得严严实实。虽然白杨和白桦没有云杉那样细致紧密的针叶，但它们的叶子又宽又大，足以形成浓密的树荫，从而把小草头顶的天空完全遮蔽。倘若小树长得比较稀疏，地上的草族还能享受到一缕阳光、几滴雨露，还能够有生存的一线之机。可是，在整个采伐地上，小白杨和小白桦都是密集成群地生长。它们全身心地投入到战斗中，手拉着手，肩并着肩，一株株、一排排紧密地排列着,那手臂似的树枝连在一起,形成了一个严密的树荫帐篷。在这样一个密不透风的帐篷里,青草得不到阳光的照射,就会慢慢地变黄、枯萎,最终死去。

没过多久,我们的通讯员就看见了这场战争的结果:在开战后的第二年,白杨和白桦成为这场战争的最终胜利者。

我们的通讯员又不得不搬到第三块采伐地上去观察了。他们在那儿会看见什么呢?敬请关注我们下一期《森林报》的报道。

乡村生活

田里的黑麦已经长得比人还高,都开花了。一只田公鸡(山鹑)悠闲地在麦田里散步,就像是在一片茂密的树林里似的。雄山鹑拖家带口,它的身后是它的太太,再后面还跟着它的小娃娃。这些小山鹑早已孵出来了,而且都能四处跑了。它们的羽毛黄澄澄的,身

子圆滚滚的,活像一个个小黄球。

　　集体农庄里的人们正在忙着割草。牧草场上,有的地方人们正挥舞着镰刀割草,有的地方则使用了割草机。割草机在草场上驶过,它的长长的臂膀就像是挥动着的光秃秃的翅膀。高高的、汁液浓厚的牧草在它的身后倒下来,整整齐齐地排成一行行,笔直地躺在那里,整个牧场上弥漫着牧草的芬芳。

　　菜园里,碧绿的葱比以前更挺拔了,一群孩子正在那里拔葱。

　　另一群女孩子和男孩子一块儿去采浆果。这个月月初的时候,小山岗向阳的那面斜坡上,草莓熟了,整个小山岗都被那甜甜的气味浸透了。现在正是草莓结得最多的时候,不仅如此,树林里的黑莓、覆盆子也快熟了。在林中那片被苔藓覆盖的沼泽地上,桑悬钩子从白色变成了红色,又从红色变成了金黄色,等着人们去摘呢。到了这里,你不用客气,完全随意,你爱吃什么就采什么浆果吃吧!

　　孩子们的篮子已经都装不下了,可他们还想多采一些,但是他们要打水去浇整个菜园子,除菜畦上的草等家里的活儿还等着他们回去帮忙呢。

乡村新闻

牧草的抱怨

　　牧草最近的怨气很大，它们诉苦说，集体农庄的人们在欺侮它们。这里的牧草刚预备开花，有些甚至已经开花了。开花的牧草从细嫩的小穗里伸出了白色的羽毛状柱头，纤细的丝上挂着沉甸甸的花粉。这时候，突然来了一批割草的人，所有的牧草都被他们从齐根处齐刷刷地割了下来。牧草们这下可开不成花啦！只能再次继续生长了。对此，牧草们可有话说。

　　森林通讯员们把这件事研究了一下。他们一致认为，集体农庄的人们之所以要把牧草齐根割下来是为了晒干以后，好给牲口储备好够吃一冬的干草。鉴于此，通讯员们认定，农庄里的人们割牧草这件事做得没有错。

神奇的药水

　　集体农庄里的人们正在把一种奇妙的药水喷到杂草身上，杂草一接触到这种药水就会死了。对于杂草来说，这是一种足以让它们丧命的水。不过，这种药水喷到谷物身上时，却没有任何负作用。谷物仍旧可以精神百倍地立在那里，满心欢喜地生长着。对于它们说来，这是活命的水，这药水不仅不会对它们造成伤害，而且还能改善它们的生活，因为它可以帮助它们消灭杂草这个同它们抢阳光、争养分的敌人。

防止晒伤

在集体农庄里，有两只小猪在散步的时候被日光灼伤了脊背，那些受伤的地方很快起了水泡。人们立刻请来了兽医给小猪看病。兽医向大家介绍说，在炎热的天气里，一定要严禁小猪外出散步，即便和猪妈妈一起去都不行，因为它们娇嫩的身体根本禁不住炽热的阳光曝晒。

客人迷路了

前段时间河岸集体农庄里新来了两位避暑的女客人，这两天她们忽然失踪了。大家找了她们半天，才在距农庄数千米远的一堆干草垛旁找到了她们。这时，大家才知道，原来两位客人迷路了。这是怎么回事呢？

那天早上，两位女客人一起到河里去洗澡。去的时候她们记得

自己是从一片淡蓝色的亚麻田里走过去的。所以午后，她们要回农庄时，就一心想着要找到那片亚麻田，沿原路返回。可她们费了好半天的劲儿，怎么也找不到那块淡蓝色的亚麻田，于是就迷路了。这两位客人大概不知道，亚麻是清晨开花的，中午时分它们的花就谢了，这时亚麻田就会从淡蓝色变成绿色。

母鸡的福利

今天早晨，农庄里的母鸡集体动身到疗养地去了。这趟旅行说起来运气还不错，它们可是乘着汽车去的，而且是连同它们的家一起搬过去的。

母鸡的疗养地就在收割过的田里。农田里的麦子割完后，就只剩下毛茸茸的麦秆根和落在地上的麦粒，人们怕这些麦粒被白白地糟蹋掉，就把母鸡送到这里来疗养，这里于是就成了一个临时的母

鸡疗养场，只是临时的。母鸡在这里会得到很好的照顾，等它们把地上最后一些麦粒吃干净，它们又将乘上汽车，搬到新的地方去捡新的麦粒。

离开妈妈的孩子

最近，因为小羊即将要被人领走，绵羊妈妈非常着急。不过，人们这样做总有他们的考虑：总不能让三四个月大的，已经成年的小羊还跟在妈妈身边转呀，是时候让它们习惯过独立的绵羊生活了。从现在起，小羊们就要单独地吃草了。

浆果的议论

集体农庄和农场上的浆果成熟了，有树莓(马林果)、醋栗和茶藨果。现在，它们即将动身进城去了。

浆果们纷纷议论起来。醋栗不怕路程远，它说："快点儿带我去吧！我撑得住，越早走越好，趁我现在还没熟透，还是硬的。"茶藨果说："只要包装结实些，我就能坚持到目的地。"

这时还没动身就已经泄了气的树莓娇声细气地说："你们还是把我留在这儿吧,最好谁都别碰我。我一生最怕的事就是颠簸了,这简直是生活中的大不幸。颠啊颠啊,简直就要把我颠成一堆果酱了!"

鱼儿餐厅

在一处集体农庄的池塘里,水面上竖着几根木标,上面有块牌子,写着"鱼儿餐厅"。在每一个这种水底餐厅里,都摆着一张有边的大桌子,奇怪的是桌子旁边没有一把椅子。

每天早晨,鱼儿们都会涌到木牌周围焦急地等着开早饭。它们不大喜欢遵守秩序,常常你挤我,我挤你地乱作一团,简直像开了锅。

七点钟,大厨房的人乘小船准时给水底餐厅送饭菜来了。饭菜里有煮好的马铃薯、用杂草种子做的团子、晒干的小金虫和许多别的好吃的东西。在这个时间,餐厅里的鱼格外多,每个餐厅里至少有四百条鱼在吃饭呢。

少年自然科学家讲的故事

我们的集体农庄就在一片小橡树林旁。以前很少有杜鹃飞到这片树林里来,有时即便有,也待不了多少时日。不过今年夏天就奇怪了,我时常听见杜鹃在林子里叫。前段时间,农庄里的人们常把牛群赶到那片橡树林里去放牧。有一天,一个放牛的孩子慌慌张张跑来报告说:"牛发疯了!"

我们大吃一惊,赶紧跑到树林里去看。这一看可不得了!牛群在树林里简直要造反了!那些母牛发了疯似的乱跑乱叫,用尾巴抽打自己的背,莫名其妙地往树上乱撞。它们的劲儿可不小呢,这一不小心是会把脑袋撞碎的。再不然,没准会把我们都给踩死。大家不敢再有迟疑,连忙设法把牛群赶到别处去。这到底是怎么一回事呢?

大家经过一番检查发现,原来这都是橡树上一条条咖啡色的大毛虫惹出来的祸。这些毛虫个个都跟小野兽似的,爬满了每一棵树。可怜的橡树已经被它们啃光了叶子,只剩下了光秃秃的树干。那些毛毛虫身上长满了细毛,风一吹,这些细毛脱落下来,到处飞扬。有的飞到牛的眼睛上,牛就乱了阵脚,发起疯来,真是可怕极了!

过了没多久,成群的杜鹃来到了这里。这可了不得,我这辈子还从来没见过这么多的杜鹃呢!除了杜鹃,还有金色带黑条纹的黄鹂以及翅膀上有淡蓝色条纹的樱桃红色的松鸦,周围林子里的鸟都飞到了我们这片橡树林里来了。

有了鸟儿们的帮助,不到一个星期,所有的毛毛虫都被消灭掉了,所有的橡树都活过来了!

特殊的敌人

　　夏天人们也会打猎,不过我们这里说的既不是猎鸟,也不是猎兽。或者,我们不如将这样的打猎说成是打仗吧。

　　夏季的时候,人类有很多仇敌。比如,你新开辟了一个菜园子,种了蔬菜,常常浇水,辛辛苦苦地经营着。可是,你能保证你的蔬菜不受敌人的侵害吗? 以前,人们常常用竹竿竖个稻草人立在那里,不过现在人们知道,这个办法已经没有多大作用了。虽然稻草人可以帮助你对付麻雀和其他偷食的鸟,不过,就算这样,它的威慑力也并不见得有多大。

　　另外,你要知道,菜园里还有这样一批敌人,别说是稻草人,就算是带枪的人都吓不倒它们。你想用木棒捶打它们,没用;你想用猎枪打死它们,没门。要对付这群敌人,你得使点儿计策才行。此外,你还得时刻擦亮眼睛,时刻警惕着防备它们才成。你可别小瞧它们,虽然它们个个生得小,但调皮捣蛋的本事却比别的敌人还大呢。

对付跳虫

菜园子的蔬菜上出现了一种背上长有两道白条纹的小黑甲虫。它们像跳蚤似的在菜叶子上跳来跳去。这是一种可恶的害虫，它们一来菜园子就要遭殃了。

在菜园子里安家的一种跳虫是蔬菜的大敌。一片几公顷的菜园，用不了两三天工夫就能被它们毁掉。那些还没长好的嫩叶尤其倒霉，因为这些虫子会把嫩菜叶子咬得千疮百孔，把菜叶子啃得跟花边似的。一片菜园子遭到这种跳虫的进攻，那基本上是没救了。绝大多数蔬菜都怕这种跳虫，萝卜、芜菁、冬油菜和甘蓝尤其如此。

为了对付那些危害蔬菜的跳虫，人们展开了一场歼灭跳虫的战斗。对付这些害虫的武器有以下这些东西：一面系着小旗子的长矛。这面小旗子可不普通，它的两面都涂有一层厚厚的胶水，只留下底部一条大约七厘米宽的边儿不涂胶水。人们拿着这样的武器到菜园里去，在菜畦间来来回回地走，一边走一边在蔬菜上面挥动小旗子。在挥动旗子的时候，只让那条没涂胶水的边儿碰到蔬菜。那些跳虫只要往上一跳，就会被胶水黏住。但到这一步，这场仗还不能算是胜利了，因为敌人还有大批的生力军正等着向菜园发起进攻呢。

等到了第二天早晨，趁着草上的露水还没干，人们就起床了。他们用一面细筛子，把炉灰、烟末或者熟石灰撒在菜上。由于集体农庄里的菜田面积都比较大，所以这项工作不是由人工完成的，而是从飞机上往下撒。

这种特殊的药粉能彻底驱除菜园里的跳虫，不过对于青菜并没有害处。

长着翅膀的敌人

对蔬菜来说，蛾蝶是比跳虫还要可怕的敌人。蛾蝶常常偷偷地在菜叶上产卵，幼虫从卵里孵化出来后，就会直接把菜叶当成采食场，大肆地啃食菜叶和菜茎。

蛾蝶分为日行性和夜行性两类，最有害的蛾蝶，白天出现的主要有个头儿很大，翅膀上长有黑斑点的大菜粉蝶，颜色和大菜粉蝶相差无几，只是个头能稍小一些的萝卜粉蝶等；夜里出现的有身子较小，翅膀下垂，身子前半部呈赭石色的甘蓝螟，全身毛茸茸的棕灰色蛾子蓝夜蛾，以及一种浅灰色的，样子很像织网夜蛾的菜蛾。

对付这些害虫，人们只需动手，不用带任何武器。只要你找到了它们的卵，直接用手把卵捏碎就可以了。另外还有一个办法，那就是像驱赶跳虫那样，往菜叶子上撒一些炉灰、烟灰或者熟石灰。

除了以上这些昆虫是我们的敌人外，还有一种昆虫比上面说的那些敌人更可怕，这就是蚊子。之所以说它们更可怕，是因为它们会向人发起进攻。

蚊子的幼虫孑孓生活在不流动的死水里，它们是身上有毛的小软体虫。一汪死水里往往生活着许许多多的蚊子幼虫，它们在水里游来游去。除了孑孓，这里还有许多小得几乎看不清的小蛹。它们的样子很奇怪，这不只是因为它们的头大得跟身子比起来极不相称，还因为它们的头上居然生着小角。

在这片沼泽里，除了蚊子的幼虫和蛹以外，还有蚊子的卵。这些卵有的粘在一起，像小船似的浮在水上，还有的就挂在沼泽里的草叶上。

消灭蚊子

蚊子有两种，其中一种蚊子叮人后，人只觉得有点痛，然后身上会起个红疙瘩。这种蚊子属于普通蚊子，并不可怕。还有另一种蚊子一旦咬了人，人就会染上"沼泽热"，科学家称这种病为疟疾。得了疟疾的人身体往往感到忽冷忽热，冷得时候会冻得直打哆嗦。一两天以后，本以为转好的病人又会突然发起恶寒恶热来。

人们把这种能给人传染疟疾的蚊子称为疟蚊。从外表上看，普通蚊子和疟蚊并没有区别，不过雌疟蚊的口器上会携带大量病菌，旁边还有一对触须。疟蚊叮人的时候，病菌就会趁机进入人的血液中，从而影响人体血液细胞的正常工作，人也因此患上疟疾。

和蚊子战斗，单靠用手打是远远不够的。所以，当蚊子还是孑孓住在水里时，科学家就开始想办法对付它们了。

现在，你可以做一个实验：用一个玻璃瓶从沼泽里取一瓶有孑孓的水，然后给瓶里滴上一滴煤油，请注意观察，看看瓶子里的水会发生什么变化。煤油进入水里后，会迅速在水面弥漫开，不一会儿就会铺满整个水面。水里的孑孓开始像小蛇似的扭动身子，而大脑袋的蛹则忽而沉入水底，忽而又飞快地上升。孑孓和蛹各自使出浑身力气，一个用尾巴，一个用小角，都想冲破那一层煤油薄膜。最后，煤油把水面彻底封死了，没有留下丝毫缝隙。孑孓和所有的蛹因为没法呼吸，最后都给闷死了。

生活在沼泽附近的人们就是用这个方法和许多别的方法来与蚊子做斗争的，如果人们被蚊子打扰得不得安宁，人们就会往死水里倒煤油。人们只需一个月往死水坑里倒一次煤油，就足以使那个水坑里的蚊子彻底完蛋。

乡村奇闻

最近，我们这里发生了一件稀罕事。有一天，一个牧童大声嚷嚷着从林边牧场跑回来，说："野兽咬死我们的小牛啦！"农庄里的所有人都惊叫起来，挤奶女工们甚至难过得大哭起来了。被咬死的这头小牛是我们这里最好的一头小牛，它还在展览会上得过奖呢。

小牛死了，这还了得？大伙把手里的活儿一扔，二话不说就往林边牧场跑。那条小牛正安静地躺在牧场上的一个僻静角落里，就在树林边上，它已经没有了气息。人们检查了一下它的身体，发现除了乳房给咬掉了，后颈给咬破外，它身上的其他部位并没有什么伤痕。

猎人谢尔盖说："是熊咬的，咬死就扔下走了，等肉臭了再来吃，这是熊一向的习惯。"

"您说的没错，这没什么可怀疑的。"猎人安德烈附和着说。

谢尔盖招呼大家说："大伙儿先散了吧，咱们今天就在这棵树上搭一个棚儿守着。那头熊要是今天夜里不来，明天夜里一定会来。"

大家正在议论着，有人注

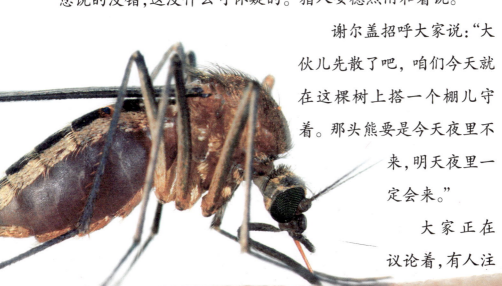

意到了挤在人群里的另一位猎人塞索伊奇。塞索伊奇是个小矮个儿，在人群里看上去很不起眼。

"今天您会和我们一起在这儿守着，是吗？"谢尔盖和安德烈问他。

塞索伊奇没有回答，他一声不吭地走到一边，仔细察看地上的痕迹。

"不，这不像是熊干的，它不会到这里来的。"他沉思了一下说。

谢尔盖和安德烈对他的看法显然不屑一顾，他们耸耸肩膀，说："那好吧，随您怎么看了。"农庄里的人都散了，塞索伊奇也走了。

谢尔盖和安德烈在附件砍了一些树条，在一棵松树上搭了一个棚。这时，塞索伊奇带着枪和他的猎狗小霞来了。他在小牛遇害的地点周围又察看了一番，还专门察看了一下周围的那几棵树。做完这些，他一声不响地到树林里去了。

此后的两天里，谢尔盖和安德烈一直躲在棚子里守候着，但什么也没发现。第三天晚上，两个猎人守得有些不耐烦了，就聊起来。最后他们一致认为，应该是自己疏忽了什么线索，而正好被塞索伊奇注意到了，于是他们决定去找小个子猎人问个清楚。这时，塞索伊奇刚巧从树林里回来了。他肩上扛着一个大口袋，"扑通"一声，大口袋被扔到地上，塞索伊奇像没事儿人一样擦起他的猎枪来。

谢尔盖和安德烈说："真被您给说中了，熊真的没来。这到底是怎么回事呢？您可以和我们讲一讲吗？"

"你们听说过熊把牛咬死，啃去乳房，把牛肉丢下不吃这样的事吗？"塞索伊奇向他们反问道。两个同行答不上来了，大眼瞪小眼。人家问得对呀，熊的确是不干这种缺德事的。

"你们察看过地上的脚印吗？"塞索伊奇又继续追问。"这倒是瞧过。脚印子很大,足足有二十厘米宽呢。"

"那脚爪呢?脚爪很大吗?"这句话可把两个猎人问住了,他们吞吞吐吐地说:"脚爪印倒是没有看到。"

"问题就在这儿呀!要是是熊的脚印,一眼就可以看见脚爪印。那我现在倒要请你们说说,哪种野兽走路的时候,是把脚爪缩起来走的?"

谢尔盖不假思索,冲口而出:"狼啊!"

塞索伊奇从鼻子里哼了一声,"真是个会辨别脚印的猎人!"

"别瞎说了!"安德烈说,"狼脚印跟狗脚印一样,大一点儿而且窄长一点儿。我想那个凶手应该是猞猁,只有猞猁走路的时候才会缩起爪子,只有它们的脚印正好也是圆圆的。"

"这就对啦!"塞索伊奇说,"咬死小牛的正是猞猁。""怎么可能?您在开玩笑吗?"

"不相信?不相信你就亲眼看看背包里的东西吧。"谢尔盖和安德烈急忙跑到背包跟前,解开一看,里面果然有一张红褐色带斑点的大猞猁皮。

原来,咬死我们小牛的凶手就是这家伙呀!

无线电通报——东南西北

请大家注意！请大家注意！

这里是圣彼得堡《森林报》编辑部。

今天是 6 月 22 日，夏至日，这是一年里面最长的一天。今天，我们要跟全国各地举行一次无线电通报。我们呼叫全国各地的代表，苔原、沙漠、森林、草原、海洋、山岳都请注意！

现在正是盛夏，是白昼最长、黑夜最短的时候。现在，请你们都谈谈，你们那里现在都是什么情况？

听到了吗？这里是北冰洋群岛

我们所处的位置是北冰洋群岛，这里现在都忘了什么是黑夜，什么是黑暗了。你们说的到底是什么样的黑夜呀？

告诉你们，我们这里白昼可长了，整整二十四小时几乎都是大白天。天上的太阳一会儿上升，一会儿下降，但就是不往海里落，像这样的日子差不多还要再持续三个月呢。

我们这里现在到处都充满了阳光，到处都是亮堂堂的，一片光明。在阳光的照耀下，地上的草长得快极了。真的就像童话里讲的那样，每隔一小时就有了新变化，而不是一天一个样儿。草的叶子越来越密，花儿也越开越多。去看看沼泽地吧，那里已经被苔藓盖满了。就连光秃秃的石头上，都长满五颜六色的植物。

看啊，苔原也苏醒了。

我们这里不像其他的地方，这里没有美丽的蝴蝶，漂亮的蜻蜓，伶俐的蜥蜴、青蛙和蛇。更没有一到冬天就要躲到地底下去，在洞里蛰伏一冬的大大小小的野兽。要知道，我们这儿的土地可是一年到头都被冰雪覆盖着的，就算是在盛夏时节，也仅仅是地面的一层融化。

苔原上空飞舞着一大群一大群的蚊子，它们嗡嗡地飞着，形成了庞大的阵容。因为我们这里没有以歼灭蚊子出名的飞将军——行动灵活的蝙蝠。蝙蝠怎么能在我们这儿住得惯呢？它们只能在傍晚和夜里出去捕蚊子的。可我们这里整个夏天都没有黄昏和黑夜，所以，蝙蝠即便愿意到这里来度假也不成，它们无法适应这漫长的白天啊！

我们这里的岛屿上没有多少野兽，最多的动物就是旅鼠（一种跟老鼠差不多大小、短尾巴的啮齿动物）、白兔、北极狐和驯鹿。偶尔也有北极熊从海里游到我们这儿来，晃晃悠悠地挪动着身子在苔原上走来走去寻找猎物。

我们这里的野兽虽然少，但鸟儿却很多，多得简直就跟天上的繁星一样，数也数不清呢！虽然这个季节在各处背阴的地方还有积雪，但是已经有大批的鸟儿飞到我们这里来了。看！有角百灵、北鹬、雪鹀、鹈鸪等各类

鸣禽,还有鸥鸟、潜鸟、鹬、野鸭、雁、管鼻鹱、海鸟、模样儿滑稽的花魁鸟,以及其他许多稀奇古怪的鸟儿,好多说不定你连听都没听过呢。

你听到了吗? 现在苔原上到处是叫声、喧闹声和歌声。整个苔原都被鸟巢占据了,就连那光秃秃的岩石上都不例外。有些岩石上的鸟巢能有成千上万个,一个挨一个,就连石头上一个只能容下一枚蛋的小坑都被巢占据了。那个热闹劲儿,仿佛这里就是一个巨大的鸟市场! 这时候,如果有不识趣的猛禽飞近这种地方,一大群鸟儿就会飞起来,向它发起反击。那叫声真是惊天动地,只怕猛禽的耳朵都快被震聋了。更倒霉的是,还会有无数鸟嘴雨点般地啄到它身上。谁让你欺负那些小鸟呢? 人家的父母可绝不会让自己的孩子受半点儿委屈的。

你都看到了吧,我们苔原上现在多么快活呀! 怎么,你有问题要问? "既然你们那儿没有黑夜,那么鸟兽什么时候休息、睡觉呢?"这你就不知道了,我们这儿的鸟兽个个都是铁打的,它们几乎完全不睡觉的,根本没时间睡啊! 它们最多打个盹儿,就又得工作:有的要喂孩子,有的要筑巢,还有的得孵蛋。无论是谁都有一大堆的事情等着做,谁都忙得不可开交,因为我们这儿的夏季实在是太短啦!

不过,到了冬天睡觉也不迟,那时候大家就可以睡足一年的觉了。

这里是中亚细亚沙漠

我们这里和苔原上的情况正好相反,现在这里不论什么都陷入了睡眠中。

这里的太阳火辣辣的,草木都被晒干了。我们已经完全不记得最后那场雨是什么时候下的了。不过说来也奇怪,有的草木居然没有枯死呢。

瞧!那些带刺的骆驼草已经长得差不多有半米高,它的根可以钻到几乎要被烤焦的土地深处去,能达到地下五六米深,这样它就可以吸到地下水。有些灌木和草儿的身上长满了绿色的细毛,却不长一片叶子,这样可以使它们减少水分的蒸发量。我们这儿的沙漠里有一种矮树,叫无叶树。这种树一片叶子也没有,只有细细的绿树枝。这种树在沙漠里比较多,常常会形成成片的矮树林。

沙漠里要是刮起风来可不是好事。风起来时会卷起大量干燥的灰沙,灰沙漫天飞扬,把太阳都能遮住,天空好像一下子阴沉下来,像是布满了乌云一样。突然间,你会听到一阵令人毛骨悚然的声音,这种咝咝的声音就仿佛有成千上万条蛇在吐着芯子,让人不寒而栗。其实这不是蛇,而是无叶树林中的细树枝在大风中发出的声音。大风刮过时,它们那细细的树枝会被风刮得在空中像鞭子似的乱抽,这才发出那种恐怖的声响。

当然啦,沙漠里也有蛇。可蛇在哪儿呢?它们这会儿正在睡觉呢。就连金花鼠和跳鼠最怕的草原蚺蛇,现在也钻到沙子底下深深的土层里避暑去了。

小动物们也在睡觉。细长腿的金花鼠搬来一块土疙瘩把洞口堵了起来,不叫阳光晒进去,然后窝在里边睡大觉。只有在大清早天气还比较凉爽的时候,它们才会出洞给自己找点东西吃。要是这会儿它出去,那得跑多少冤枉路才能找到一棵没被晒干的小植物呀!黄色的金花鼠干脆躲到地底下去了,它预备睡一个长长的觉,至少得过一个夏天、一个秋天,外加一个冬天,直睡到第二年春天它才会出来。一整年的时间里,金花鼠在外头活动的时间最多三个月,其余的时间它都是在呼呼睡大觉。

为了躲避火辣辣的太阳,蜘蛛、蝎子、蜈蚣、蚂蚁躲得躲、藏得藏。有的栖身在石头底下,有的躲在背阴的土里面,只在夜里才爬出来。动作灵敏的蜥蜴和爬得很慢的乌龟,这时候也很难见到踪迹了。

为了离水源更近一些,野兽们都搬到沙漠的边缘去住了。鸟儿们早已孵出了雏鸟,带着它们一起飞走了,留在这儿的只剩下飞得快的山鹑。山鹑可以飞到一百千米外的小河边去,自己喝饱以后再装上满满的一嗉囊,然后急急忙忙飞回巢里喂雏鸟。这么远的路程在山鹑看来也许并没什么,不过它们也并不会在这里待得很久。等到雏鸟再大一些,学会了飞,它们也会离开这个可怕的地方。

现在,人们已经通过科学技术对沙漠进行了改造。他们在那些能建造灌溉渠的地方建起了水渠,把水从高山上引到这里来。有了水,死气沉沉的沙漠上开始出现碧绿的牧场和农田,甚至还有果园。

沙漠里毕竟人迹罕至,于是风就在这里称王称霸,它可是人类的一个大敌。风力量极大,它会搬

动干燥的沙丘，掀起沙浪，将它们驱赶到村庄里，指使它们做坏事，把房屋都掩埋起来。面对肆无忌惮的风，人们没有丝毫畏惧。他们和水、植物联起手来，严格地给风划了一道界线，不许它越过。在那些有人工灌溉的地方，茂密的树木像立起的一道道墙壁，牢牢挡住了风。

无数的青草把自己的细根扎在地里，紧紧抓住了沙子，这样就把沙丘固定住了。

沙漠的夏天和苔原的夏天简直是天壤之别。太阳出来时，所有的生命都进入梦乡。这里的夜晚伸手不见五指，但只有在黑夜里，那些受尽了太阳折磨的弱小生命，才能出来透一口气儿。

喂！喂！这里是乌苏里大森林

我们这里的森林既不像西伯利亚的大森林，几乎满是针叶树；也不像热带的密林，到处是藤蔓和阔叶树。它别具一格，有枞树，有落叶松，有云杉，还有爬满了带刺的荓草以及缠绕着野葡萄藤的阔叶树。

驯鹿、印度羚羊、普通棕熊和西藏黑熊、黑兔、猞猁、虎、豹、棕狼和灰狼等，是我们这里的主要野兽。鸟类则有羽色干净的灰松鸦和漂亮的野雉，灰雁和白雁，普通野鸭和羽毛五颜六色、模样怪里怪气的鸳鸯，以及长嘴巴白脑袋的朱鹭。

大森林的白天闷热又黑暗。那些宽大的树顶结成一顶绿色的大帐篷，太阳光射不进去的同时，也难以透进来一丝风。所以，大家都说，我们这里的夜是黑黑的，白天也是黑黑的。

现在，森林里的各种鸟儿都已经生下了蛋，有的都孵出了雏鸟。各种野兽的幼仔也已经长大了，正跟着它们的爸爸妈妈学习猎取食物呢。

这里是库班草原

我们的大草原有一望无际的平坦田地，现在地里的庄稼正是收获的时候，大队的收割机和马拉收割机正在忙着收割。今年的收成格外好，我们这儿的玉蜀黍已经通过火车运到莫斯科和圣彼得堡去了。

收割完庄稼的田地变得空荡荡了，田地的上空不时有鹰、雕、兀鹰和游隼等猛禽在盘旋。它们已经准备好去收拾那些打劫庄稼的敌人了，这些敌人包括老鼠、田鼠、金花鼠和腮鼠等。现在，这些小偷正躲在洞口，探头探脑地往外瞧呢，隔了老远，你就可以看到它们。这些不劳而获的小偷在庄稼还没收割的时候偷吃了多少麦穗呀，想想

都让人感到可怕！这会儿它们还在忙着搜刮散落在地里的麦粒,用来装满它们的地下粮仓,储藏冬粮呢。

就在这些小偷忙着贮藏冬粮之际,狐狸等野兽也不甘落在猛禽后面,它们在收割后的麦田里捕捉小兽吃。其中白色的草原鸡貂是一切啮齿动物的天敌,它们对付那些偷粮贼时从来不会手软。

这里是阿尔泰山脉

在阿尔泰山脉低洼的盆地地区,这里的气候闷热又潮湿。早晨的露水在夏天的烈日照射下,用不了多久就蒸发了。到了晚上,草场地区的上空则被大雾笼罩。水蒸气缓缓上升,把整个山坡都给湿透了。等到冷却以后,它们又凝成白云,像纱巾一样飘浮在山顶上。白天,山上的天气总是变化多端,刚刚还太阳高照,于是水蒸气变成了水点,不一会儿就乌云密布,下起雨来。

在高高的山顶上有终年不化的积雪,那里有大片的冰原、冰河,但在山上的其他地方，积雪在太阳的照射下正不断地消融，一股股雨水和雪水汇集到一起，形成了一条奔流的山涧。山涧沿山坡滚滚而下，从岩石上直泻下来，成为壮观的瀑布。这水顺着地势，从高处一路向下面的江河里流去。

我们这儿的山上，各种自然景观真是应有尽有：底下的山坡上是大森林，往上是肥沃的高原草场，再往上是一片苔藓和地衣。而山顶上呢，那里则常年冰天雪地，跟北极一样永远是冬天。

在山上最高的地方，几乎见不到飞禽走兽的踪迹。头顶上，只有强悍的雕和兀鹰。不过到了山顶以下，你就会发现，这里简直就像一座高层公寓，里面住满了许许多多形形色色的居民，居民们按照各自的习性分开居住，谁该住在多高的地方，就住在多高的地方。

那最高一层上全是裸露的岩石，雄野山羊攀登到那儿去，就在那儿住下了。住在它下面一层的是雌野山羊和小野山羊，以及山鹑。在水草丰美的高山草场上，住着一群群犄角直溜溜的羱羊。为了猎取羱羊，雪豹也跟着到了那里。高山草场同时还是旱獭的聚居之地，也是鸣禽汇聚的地方。从这里往下就到了大森林，森林里生活着松鸡、雷鸟、鹿、熊等动物。

要在以前，人们通常只选择地势平坦的盆地播种麦子，但现在我们的耕地已经扩展到了山上，而且还在往更高的地方发展。

大家好！这里是海洋

　　我们的祖国——俄罗斯三面环海，西边是大西洋，北边是北冰洋，东边是太平洋。乘轮船从圣彼得堡出发，穿过芬兰湾，横渡波罗的海，就到了大西洋。在无边无际的大西洋上，我们常常碰到外国的船只。这些船只里有商船，有邮轮，也有渔船，渔船到这里来就是为了捕捞鲱鱼和鳘鱼。

　　从大西洋到北冰洋，沿着欧亚两洲的海岸，有一条意义非凡的北方航路。这条航路沿途的海域几乎都被厚厚的冰严密地封住了，在这白色的冰的世界掩藏着很多危机。

　　我们在这些荒无人烟的地方见证了许多奇迹。开头我们经过的是大西洋的赤道暖流，在那儿我们碰到了漂浮的冰山，明晃晃的让人睁不开眼睛，我们在那里捉到许多鲨鱼和海星。再往前去，大西洋赤

道暖流会折向北方,流向北极。在那我们开始看到面积广阔的冰原,它们在水面上慢慢浮动着,一会儿分裂,一会儿又合拢。

在北冰洋的许多岛屿上,我们看见了数量庞大的大雁。因为正在脱毛,它们显得软弱无力。大雁翅膀上的硬翎脱落了,根本飞不起来。这时只要有人把它们围起来,就可以把它们赶进网里去。我们还看见了长着大獠牙的大海象,它们刚刚从水里钻出来,正趴在大冰块上晒太阳。还看见了各种各样稀奇古怪的海豹。有一种头上长着大皮囊的大海兔,它们突然鼓气时,气囊就会被吹得鼓鼓的,仿佛戴了一顶钢盔。我们还看见了许多可怕的逆戟鲸,它们长着大牙,行动如飞,专门猎食鲸和鲸的幼仔。

关于鲸的消息,我们还是下次再谈吧。等到了太平洋再谈,因为那儿的鲸更多一些。这次就到这儿结束,再会吧!

我们的夏季全国各地无线电通报,就到此为止。下次的广播,将在 9 月 22 日举行。

打靶场

第四次竞赛

1.按照日历,夏天应该从立夏就开始了。夏至是哪一天? 这一天有什么特点?

2.哪种鱼会自己做巢?

3.哪种动物在草丛里和灌木丛里做巢?

4.哪种鸟不会筑巢,而是在沙地上、洼地里下蛋?

5.蝌蚪先长前腿还是先长后腿?

6.为什么不可以用手去掏鸟窝里的蛋?

7.普通棘鱼背上的刺长在哪里? 一共有几根?

8.金腰燕(短尾的)和家燕(尾巴像叉子)做的巢有什么不同?

9.萤火虫有翅膀吗?

10.哪种鸟把鱼刺铺在巢里当垫子?

11.为什么燕雀、金翅雀和篱莺在树枝之间做的巢不容易被发现?

12.是不是所有的鸟在夏季都只孵一次蛋?

13.什么生物在水底用空气给自己造房子?

14.什么鸟下完蛋就把蛋宝宝给别人抚养了?

15.倒下去的是一棵棵,堆起来的是山儿一座座。(谜语)

16.一屈一蹦,一声咕咚,只见水花,不见踪影。(谜语)

17.推也推不开,拾也拾不起,时候一到,自己跑开。(谜语)

18.只见拔草,不打草鞋。(谜语)

19.不是裁缝,不做衣裳,却把针儿老带身上。(谜语)

公 告

要爱护我们的朋友!

我们这里的小朋友喜欢掏鸟巢。他们完全是出于淘气才这么做的,没有任何有意义的目的。他们可能从没想过,这样做会使自己的祖国遭受到多大的损失。科学家计算到,每一只鸟,即使是最小的鸟,一个夏天在农业和林业上给我们带来的利益有二十五个卢布。如果每个鸟巢里有4~24个鸟蛋,或者4~24只雏鸟。那你可以自己算算看,捣毁一个鸟巢,会给国家造成多么大的损失。

小·朋友们!

我们想向大家呼吁一下,组织一个鸟巢保护队,不许任何人捣毁鸟巢。因为猫捉鸟吃,还破坏鸟巢,所以我们还不能让猫跑到灌木丛和树林里去,随时得把它们撵出来。此外,我们还得向所有的人宣传:为什么保护鸟,鸟怎样出色地保护我们的森林、田地和果园。它们怎样挽救我们的收成,不让庄稼受到害虫的侵害。要让每个人都知道,那些害虫多得不计其数,小得人几乎捉不住,但鸟却是捉害虫的专家!

"火眼金睛"称号竞赛

第三次测验题

区分动物的家

1、你能根据树洞周围干净的程度区分椋鸟和啄木鸟的鸟巢吗？

2、你知道雨燕和灰沙燕各在什么地方筑巢吗？

3、松鼠的窝有什么特点？

4、爱干净的獾自己住的洞和被它遗弃或被狐狸占领的洞有什么不同？

7月——小鸟出世月

七月，盛夏时节，太阳不知什么是疲倦，热心地炙烤着大地。它命令稞麦深深地鞠躬，而且还要把头低到挨着地面。它命令燕麦穿上了长衫，却不让荞麦穿上衬衣。

绿色的植物通过吸收阳光来制造养分，让自己成长起来。成熟的稞麦和小麦形成一片金黄色的海洋，我们把它们收割后贮藏起来，够吃一年的呢。我们还要为牲口贮藏干草，一片片的青草已经割倒了，堆成了一座座小山包似的干草垛。

小鸟开始沉寂起来，不是它们忘记了快乐歌唱，而是顾不得唱歌了，因为所有的鸟巢里都有了雏鸟。雏鸟刚出世的时候，身上光溜溜的，没有羽毛，眼睛都睁不开，在很长的一个时期里需要父母的照顾。现在地上、水里、树林里，甚至在空中，有的是雏鸟的食物，大家都够吃，每天都可以吃得饱饱的！

森林里到处是小巧的美味多汁的果实——草莓、黑莓、大覆盆子和醋栗。北方有金黄色的桑悬钩子，南方则有的是樱桃、洋莓。草场脱掉了金黄色的连衣裙，换上了绣着野菊花的花衣裳，那些雪白的花瓣反射着太阳的热光。这时候，可没人敢跟太阳开玩笑。光明之神太阳的爱抚可是会把人烧伤呢！

森林里的小宝贝

妈妈们的孩子

在罗蒙诺索夫城外的大森林里，有一只年轻的雌麋鹿。今年，它生了一只小麋鹿。白尾巴雕的巢也在这个森林里，现在它的巢里已经有两只小雕了。黄雀、燕雀、鸦鸟各孵出五只小鸟，啄木鸟孵出八只雏鸟，长尾巴云雀孵出十二只，灰山鹑孵出二十只。

在棘鱼的洞里，每一颗鱼子就能孵化出一条小棘鱼。这样算算，一个棘鱼洞里差不多能产出一百来条小棘鱼呢。一条鳊鱼产的子，孵化出的小鳊鱼有几十万条。而一条鳘鱼呢，它的孩子更是多得不计其数，恐怕都有好几百万条了吧。

没人管的孩子

鳊鱼和鳘鱼对它们的孩子可以说是完全不管不顾。它们产下鱼子，就径自游走了。小鱼怎样孵化出来，怎样过日子，怎样找东西吃，都得凭它们自己的本事。如果你有几十万个或几百万个孩子，你除了这样做，还能怎么办呢？一个个照顾显然不现实的呀！

不过说实在话，没有父母照顾的孩子，日子真的很不好过。水底有许许多多贪嘴的坏家伙，它们都爱吃美味的鱼子和青蛙卵，甚至鲜嫩的小鱼和小蛙都能成为它们的口中美食。在小鱼长成大鱼、蝌蚪长成青蛙以前，它们得遇到多少危险呀！它们里面该有多少不幸的孩子会被吃掉，想起来，真是令人害怕呢！

照顾孩子的好妈妈

虽然有一些不负责任的妈妈，但也有很多对孩子尽职尽责的妈妈。像麋鹿妈妈和所有的鸟妈妈，它们对自己的孩子照顾得就非常仔细。

麋鹿妈妈为了它的独生子小麋鹿，可以随时准备牺牲自己的生命。就算是遇到大黑熊，麋鹿妈妈也会毫不畏惧地前后脚一阵乱踢。这一顿蹄子大战，可是够大黑熊受的，它下次绝对不敢再打小麋鹿的主意了。

有一次，我们的森林通讯员在田野里碰到一只小山鹑。它从他们脚前跳出来，一下窜进草丛里躲了起来。通讯员们把小山鹑捉住了，小家伙立刻"啾啾"地大叫起来。山鹑妈妈不知从哪儿突然飞

73

出来，它看见自己的孩子被人家捉在手里，就咕咕地叫着扑了上去。但一下子摔倒在地上，耷拉着翅膀。

通讯员们以为山鹑妈妈受伤了，就放下小山鹑去追它。山鹑妈妈在地上一拐一拐地走着，眼看一伸手就可以捉到。可是大家刚一伸手，它就往旁边一闪，让大家扑空了。就这么追呀追呀，突然间，山鹑妈妈拍拍翅膀，从地上飞起，竟然若无其事地飞走了。

我们的通讯员又掉转头来找小山鹑，哪知小山鹑连影儿都找不着了。原来这是山鹑妈妈使的计，它故意装作受伤，把通讯员们从孩子身边引开，好让它立刻逃走。它对自己的每一个孩子都保护得那么好，因为它的孩子少，一共只有二十多只！

勤劳的鸟儿

天刚蒙蒙亮，鸟儿就起飞了。椋鸟每天工作十七个小时，家燕每天工作十八个小时，雨燕每天工作十九个小时，鹟鸟每天要工作二十个小时以上。

一只雨燕，每天至少要飞回巢三十次给雏鸟喂食。只有这样，它的孩子才能吃饱。椋鸟给雏鸟送食物，每天至少要送

两百次左右；家燕至少要送三百次，郎鹞则要送四百五十多次。

整整一个夏天，鸟儿们都在消灭对森林有害的昆虫和幼虫。至于它们消灭了多少，真的是多得数也数不清呢！

森林通讯员 尼·斯拉德科夫

沙锥和鹞的雏鸟

看！这是小鹞的画像。它刚从蛋壳里出来，嘴上有个小白疙瘩，这叫"凿壳齿"。鹞的幼雏钻出蛋壳时，就是用凿壳齿凿破蛋壳的。

小鹞长大后，就会成为和它们的爸爸妈妈一样的猛禽，这种鸟经常让啮齿动物胆战心惊。不过，这会儿它还是个模样滑稽的小不点儿，全身长满绒毛，眼睛半睁着。它是那样的弱小、娇气，一步也离不开爸爸妈妈。如果爸爸妈妈不喂它吃东西，它就得饿死。

在雏鸟里面，也有一些天生有蛮劲儿的小家伙，它们刚刚把蛋壳凿破钻出来，就马上跳起身子，站得稳稳的，着急地给自己找东西吃，一点也不胆怯。

小沙锥刚刚出蛋壳才一天，就已

经离开巢了, 还会自己找蚯蚓吃。

我们刚才讲过的小山鹑, 也是挺有蛮劲的。它刚一出世, 就会撒开腿拼命地跑。还有小野鸭——秋沙鸭, 它一出世就立刻一拐一拐地走到小河边, 跳下去游水, 熟练的样子就跟那些大野鸭一样。

旋木雀的孩子比起前面那些小家伙, 可算是娇生惯养了, 它要在巢里待上整整两个星期才能飞出来。有时你会看到它一副气鼓鼓的神气, 原来它妈妈半天没回来喂它, 它在闹情绪呢!

海鸥的殖民地

在一个小岛的沙滩上, 有许多"别墅", 这是小海鸥们的临时寓所, 它们正在这儿避暑。

晚上, 小海鸥们就睡在小沙坑里, 一个小沙坑里睡三只。沙滩上全是这些小沙坑, 这里简直成了海鸥的大殖民地!

白天, 小海鸥由长辈们率领着, 学习飞行、游水和捉小鱼。大海鸥一面教孩子, 一面保护它们, 随时随地都保持高度警惕。如果有敌人企图靠近孩子们, 它们就成群地飞起来, 大吵大叫地一齐向它扑过去。这样的阵势, 谁见了都怕呢! 连海上硕大无比的白尾巴雕, 都会慌忙地逃走。

雌雄颠倒的怪鸟

　　全国各地有不少读者写信跟我们说，这个月，在莫斯科附近、在阿尔泰山上、在卡马河畔、在波罗的海上、在亚库梯、在卡赫斯坦，都见到过一种罕见而奇怪的鸟儿。这种鸟既漂亮，又可爱，它们对人非常信任，丝毫不怕人。即使有人在岸边，它们也会悠闲地游来游去。

　　现在，其他的鸟儿都待在窝里孵小鸟，或者在哺育雏鸟，只有这种鸟成群结队地在全国各地旅行。令人感到奇怪的是，这些毛色艳丽的美丽小鸟全是雌的。大多数的鸟都是雄的毛色比雌的鲜明漂亮，可这种鸟却正好相反：它们的雄鸟毛色灰暗，很不起眼，而雌鸟的羽毛却是五彩缤纷，光彩耀人。更奇怪的是，这些漂亮的雌鸟一点儿也不关心它们的孩子。在遥远的北方苔原上，雌鸟在小沙坑里下完蛋，把蛋一丢，就立刻飞走了，而雄鸟则要留在那儿孵蛋，哺育雏鸟，保护孩子。

　　这简直就是雌雄颠倒！

　　这种小鸟名叫鳍鹬，是鹬的一种。现在，无论在哪儿，都可以看到这种鸟的身影，它们今天出现在这里，明天就可能出现在另一个地方。

做坏事的雏鸟

　　娇弱瘦小的鹈鸰妈妈在窝里一下子生了六只光着身子的小宝贝。其中五只雏鸟都很漂亮，而第六只却是个畸形的丑八怪。它浑身上下长满了粗皮，青筋暴露，脖子上顶着一个大脑袋，两只凸眼睛，眼皮耷拉着。如果它一张嘴，保管吓得你倒退三步。这哪里像鸟嘴呀，简直是个无底洞！

　　出生后的头一天，丑八怪安安静静地躺在巢里。鹈鸰妈妈衔了食物飞回来的时候，它才费劲地抬起沉甸甸的大脑袋，张开大嘴，好像说："喂吧！"

　　第二天，在凉飕飕的晨风里，鹈鸰爸爸和鹈鸰妈妈飞出去捕食。这时候，丑八怪就一点点地挪动起来了。它低下头，两只爪子紧紧抓住巢底，然后叉开两腿，开始往后退。当它感觉到自己的屁股撞着了它的小兄弟时，它就开始把屁股往那个小兄弟的身子底下塞，又用光秃秃的翅膀夹住自己的小兄弟向后面甩。那对翅膀就像钳子似的，把小兄弟夹得紧紧的，它一使劲儿，就把那个小兄弟扛到了背上。之后，它又一个劲儿往后退，直退到巢的边缘。那个小兄弟个儿小，身体弱，眼睛还没睁开。它躺在丑八怪哥哥的背上，就好像一只扔在汤锅里的勺子，被不停地折腾，来回晃荡着。丑八怪用脑袋和两脚撑住巢底,把背上的小兄弟直往上抬,越抬越高,一直抬到跟巢的边缘一般齐。这时,只见丑八怪浑身一使劲,屁股猛地往上一掀,就把小兄弟给顶到巢外头去了。

鹡鸰的巢就建在河边的悬崖上。

可怜那个才出生两天,只有那么一丁点儿、浑身光溜溜的小鹡鸰,就这样"扑通"一声掉到砾石堆里,摔死了。可恶凶狠的丑八怪自己也差一点从巢里掉出来。它立在巢的边缘,摇摇晃晃,幸亏大脑袋瓜比较沉,这才把身子稳住,跌落到巢里去了。

这起可怕的命案,从开始到收场,只用了两三分钟。

干完坏事的丑八怪筋疲力尽地在巢里躺了一刻钟光景,一动也不动。鹡鸰爸爸和鹡鸰妈妈飞回来了,丑八怪立刻伸长青筋暴露的脖子,抬起重重的大脑袋,像没发生过任何事一样张开嘴巴,尖声叫道:"喂我吧!"

吃饱了,休息好了,丑八怪又开始收拾第二个小兄弟。这个小兄弟可没之前那个那么好对付,它拼命地挣扎,老从丑八怪的背上滚下来。可是,丑八怪就是不放弃。

过了五天,等丑八怪再次睁开眼睛的时候,它看见巢里只有它自己一个了。它的五个小兄弟都被它扔到巢外摔死了。出生后的第十二天,丑八怪长出了羽毛。这时候,一切

真相大白了。鹌鹑夫妻真够倒霉的，原来它们抚养长大的是杜鹃丢弃的孩子。

可是小杜鹃叫得可怜极了，活像它们自己的那些死去了的孩子。它抖动着翅膀，张开小嘴要东西吃，那么纤小、那么柔弱的小家伙，它们两口子怎么能拒绝它，忍心看它活活饿死呢？

鹌鹑夫妻的日子过得也挺苦的，它们成天忙忙碌碌，从日出忙到日落，连自己吃饭的时间都没有，却一心想着给养子小杜鹃送肥美的青虫。它们衔了虫子，整个脑袋都伸进它那个无底洞的大嘴巴里，这才把食物塞到孩子那贪得无厌的大喉咙里去。

就这样，它们一直忙到秋天，等到杜鹃翅膀长硬，这才把它送走了。这个养子飞走以后，就再也没跟养父母见过面。

熊宝宝洗澡

有一天，我们熟悉的一位猎人朋友沿林中小河的岸边散步。走着走着，他忽然听见一阵很大的声响。喀拉喀拉，就像是树枝被折断

的声音。他吓了一跳，急忙爬到了树上。这时，他发现从树林里走出一只棕色的大母熊，它还带着两只活蹦乱跳的小熊，以及一个一岁大的熊哥哥。它应该是熊妈妈的大儿子吧，现在俨然成为两个小兄弟的保姆了。

熊妈妈在岸边坐了下来，熊哥哥张开嘴巴咬住一只小熊颈后的皮，把它叼了起来，就往河里按。小熊尖声怪叫起来，四条小腿乱踢。可是熊哥哥紧咬着不放，一直把它浸在水里，直到把弟弟洗干净了，这才罢休。另外一只小熊怕洗冷水澡，一看这阵势，撒腿就逃进树林里去了。熊哥哥追了上去，"啪啪啪"地打了它几巴掌，然后把它叼回来，照样摁在水里洗。

正洗着，熊哥哥一个不小心，把弟弟掉到水里了。小熊立即大叫起来，熊妈妈见状，急忙跳下水去，把小熊拖上岸，然后狠狠地给了大儿子几个耳光。熊哥哥被揍得号啕大哭，它可真是个可怜的家伙啊！

两只小熊洗完澡上了岸，看上去倒是清爽了很多。这种炎热的天气里，它们穿着毛茸茸的厚皮大衣，正热得要命呢。在冷水里浸了这么一下，果然凉快多了。洗完了澡，熊妈妈带着孩子们又回到树林里去了。猎人这才松了一口气，从树上下来，回家去了。

浆果成熟了

这时节许多浆果都成熟了，人们正在果园里采树莓、红醋栗、黑醋栗和酸栗。在树林里我们也可以找到树莓。

树莓是一种丛生的灌木。如果你从一片树莓间走过去，就会听到脚底下噼里啪啦一阵响，这是树莓的茎被折断时发出的声音。因为它们的茎非常脆，就算你是从旁边轻轻走过，也难免会把它的茎给碰断。不过，由于现在生长浆果的这些茎只能活到冬天，所以这对树莓来说并没有什么影响。

瞧，这是树莓的下一代。从它们的地下茎长出了无数鲜嫩的茎已经钻出了土，以后它们就会长成地上茎。这些茎上毛茸茸的，满是细刺儿。明年这个季节，你就可以看到它们开花结果了。

在灌木林和草丛旁，或者伐木场的树桩旁，越橘也要成熟了。现在，越橘的浆果已经有一面变红了。越橘也是小灌木，它的浆果就生在茎梢上，一堆堆、一簇簇的。有几棵越橘上面一串串的浆果又多、又大、又重，把茎都压弯下来，躺在苔藓上了。

如果你想挖出这样一棵小灌木，移植到自己家里培育一下，那可以试试看啊！你还可以再研究研究，看浆果能不能变大一些。但是，如果你不能为它创造一个自由自在的生

长环境,那你就不会
成功。越橘是一种很可爱的
浆果,它的浆果至少可以保存一个
冬天呢。吃的时候,你只要把它用开
水一冲,或者捣碎,就会有浆液流出来。

这种浆果为什么不容易腐烂呢?这是因为它含有一种可以
防止浆果腐烂的物质,叫安息酸,这可是个防腐的好能手。

尼·巴甫洛娃

猫和它的养子

今年春天,我家的老猫生了几只小猫,后来小猫都被送人了。正
好第二天,我们在树林里捉到一只出生不久的小兔子,于是我们就把
小兔子放在老猫身边。老猫的奶水正多,所以它很快就接受了这个
养子。

过了一段时间,小兔子吃老猫的奶渐渐长大了。它和养母的关
系很好,连睡觉也总在一起呢。更有意思的是,我家的大猫居然教会
了它的养子小兔子跟狗打架。只要有狗跑到我们
院子里来,老猫就马上扑过去,拼命地乱抓
乱挠。小兔子也不甘示弱,跟在后
面过去,举起两只前脚,擂鼓似的
往狗身上打去,蹬得狗毛到处都

是。邻近的狗都害怕我们家的老猫,还有它的养子小兔子。

小啄木鸟的把戏

我家的猫看见树上有一个洞,以为那是一个鸟洞,想着可以有小鸟吃了,于是爬上树去探个究竟。上了树以后,它把头往树洞里一伸,只见树洞里有几条小蝰蛇在蠕动着,蜷曲着,小家伙们还发出咝咝的声音!猫吓坏了,掉头从树上跳了下来,没命地撒腿逃开了。

其实那树洞里的根本不是蝰蛇,而是啄木鸟的雏鸟。它们把脑袋转来转去,长脖子扭来扭去,模仿蝰蛇在那儿蠕动、蜷曲;同时还发出像蛇那样的咝咝的声音,装得就跟真的一样。这不过是它们用来防御敌人的一种把戏罢了。有毒的蝰蛇可是人见人怕的,所以小啄木鸟装成蝰蛇,这才好吓唬敌人。

小琴鸡不见了

一只大鹫发现了一只琴鸡带着它的一群黄绒绒的小琴鸡。它想:这次可以饱餐一顿了。于是看准了琴鸡一家,就准备扑下去,没想到这时它已经被琴鸡发现了。

琴鸡妈妈大叫一声，小琴鸡一下子都不见了。大鹞左看右看，一只也没有了，好像它们都钻到地缝里去了。大鹞没办法，只好飞到别的地方找东西吃。

大鹞飞走后，琴鸡妈妈又叫了一声，黄绒绒的小琴鸡突然又都跳了出来，活生生地围在它身旁了。原来，小琴鸡们并没有逃走，它们只不过躺在原地，身子紧贴着地面罢了。你想，从半空往下看，谁能把它们跟树叶、青草和土块区分开呢？

吃蚊子的花

一只蚊子从林中的沼泽地上飞过。它一边飞一边嗡嗡地发出声响，飞得累了，它想喝点东西。它看见一棵草，这棵草长着绿色的茎，茎梢上挂着一串串白色的小铃铛，在茎的周围是一片片圆圆的紫红色的小叶子。那些小叶子上长着细细的绒毛，绒毛上还挂着一颗颗闪亮的露珠。蚊子落在一片小叶子上，伸过嘴去吸露珠。没想到，那颗露珠竟然是黏的，把它的嘴给粘住了。

忽然，叶子上所有的绒毛都动弹起来，像触手似的伸过来，把蚊子捉住了。圆圆的小叶子也合拢起来，蚊子很快不见了。

过了一会儿，小圆叶子再张开时，一张蚊子的空皮囊掉在了地上。这是那只蚊子的尸首，它的血已经被花儿吸光了。这是一棵很可怕的吃虫的花，叫作毛毡苔，它会把小虫子捉住，然后慢慢地吃掉它。

水下的热闹

在水底下生活的小家伙也跟在陆地上生活的小孩子一样，都喜欢打架。

两只小青蛙跳进了池塘，看见水里有个怪模怪样的家伙。它长着细长身子，大脑袋，四条短小的腿儿，原来是只蝾螈。

"这个怪物真可笑，应该跟它打一架才行呢！"小青蛙心里这样想，于是它们一个咬住大脑袋蝾螈的尾巴，另一个咬住了它的右前脚。两只小青蛙使劲一拉，蝾螈的尾巴和右前脚竟给扯断了，而蝾螈呢？它呀，早已经逃走了。

过了几天，小青蛙又在水底碰见这只小蝾螈。现在，它可真成了名副其实的怪物：原来，在它原先长尾巴的地方长出了一只脚爪，而在扯断了的右前脚的地方长出了一条尾巴。

不只是蝾螈，蜥蜴也是这样。它们的尾巴如果断了，能重新长出一根尾巴来；脚断了，能重新长出一只脚来。不过，蝾螈在这方面的本事可比蜥蜴大多了。有趣的是，它们这些断了的肢体部位有时会长得乱七八糟，就算是长出跟原来的肢体完全不相符的东西，那也是很正常的。

我喜欢的景天

我想给大家讲一讲景天这种植物。现在它们已经开过花了。我非常喜欢这种小植物，特别喜欢它那厚厚的、饱满的灰绿色小叶子。小叶子密密麻麻地生在茎上，把茎都遮得看不见了。景天的花也很好看，好像色彩鲜艳的小五角星。

这会儿景天的花已经谢了，取而代之的是它们的果实，它的果实也是扁扁的，和花一样活像小五角星。它们紧紧地合拢着，但这并不代表它的果实还没有成熟。其实在晴朗的天气里，景天的果实一直都是这么关闭着的，不过，我有办法可以让它们张开。我只要从水洼

里打点水来就成，哪怕只有一滴水都可以。

我把这滴水正好滴在小星星的中间，看，我说的没错吧，果壳果然张开了。瞧，种子也露出来了。景天的种子不像其他许多植物那样怕水冲，相反，它们很喜欢水。只要有水滴上去，种子就会顺着水淌下来了。水把它们冲到哪儿，就在哪儿生根发芽。

所以，帮助景天传播种子的不是风，不是飞禽，也不是野兽，而是水。我曾看见过一株景天，它就长在陡峭的岩石缝里。我想，那一定是顺着石壁往下流的雨水，把景天的种子带到那儿去的。

尼·巴甫洛娃

小䴙䴘学游水

我到湖边洗澡时，看见一只䴙䴘在教它的孩子游水，教它们怎样躲避人类。大䴙䴘像只小船似的漂浮在水面，小䴙䴘在潜水。只要小䴙䴘往水里一钻，大䴙䴘就游到孩子潜水的地方东张西望。最后，小䴙䴘在芦苇旁钻出了水面，然后它们一起游到芦苇丛里去了。等它们走了，我才开始洗澡了。

森林通讯员 波波夫

会自己播种的草

荷兰牻牛儿是长在菜园里的一种杂草。这种杂草本身一点儿也不吸引人,它长得乱蓬蓬的,开出的紫红色的小花也很普通,不过它的果实却非常有意思。

现在,它的一部分花已经谢了,就在凋谢的地方凸起了一个个鹳嘴似的东西。原来,每个"鹳嘴"其实是由五个尾部靠在一起的种子组成的。要把它们分开很容易,分开以后你就可以看到荷兰牻牛儿的种子了。它上面有个尖儿,下面有条毛茸茸的小尾巴。尾巴尖儿弯弯的,底下扭成螺旋状,一遇潮,这螺旋状的尾巴尖儿就会变直。

我把一个种子放到两个手掌中间,哈一口气,它居然转动起来。芒刺挠得人手心痒痒的,你瞧!它拧开来了,直了。你把它放到手掌上,过一会儿,它自己就会停下来了。

这种植物为什么会有这样一套把戏呢?原来,这种植物的种子脱落的时候,会戳在地上,并且那镰刀似的尾巴尖儿能钩住小草。天气潮湿的时候,螺旋状的尾巴尖儿就会自己解开。解开的时候它会转,一转起来,那种子自然也就旋转着钻入泥土中去了。

不到该发芽的时候,种子是出不来的,这是因为它的芒刺是往上翘的,顶住了上面的泥土,这才不让它出来。多神奇啊,植物居然会自己把种子种到土里去。

尼·巴甫洛娃

偶遇·小䴙䴘

我在河岸上走着,看见水面上有一种小鸟。说它们是小野鸭吧,又不太像,野鸭的嘴应该是扁扁的,而它们的嘴却是尖尖的。说它们是其他什么野鸟吧,可它们又太像野鸭了。这到底是什么鸟呢?

为了弄个究竟,我急忙脱下衣裳,游水去追它们,可是它们总躲着我。就这样,它们顺着水流引着我顺流而下。可把我累坏了。

后来,我知道了它们不是小野鸭,而是䴙䴘的孩子——小䴙䴘。

森林通讯员 阿·库罗奇金

摘自少年自然科学家的日记

夏日的铃兰

8月5日——我们家果园旁的小河边上,长着一片铃兰。大科学家林内给这种在五月里盛开的花,取了个拉丁文名字叫"空谷百合"。我经常一大清早采一束花回来,顿时满屋飘香。在所有的花中,我最爱这种花。我爱它那小铃铛似的花朵,它如白玉般素雅洁净;我爱它那富有弹性的绿茎,爱它那鲜嫩而清凉的长长的叶子;爱它那清淡美妙的香气。我爱铃兰，因为它是那样的纯洁而充满生机！

有一天，我偶然发现，在铃兰又大又尖的大叶子底下，有一些淡红色的小圆球。我蹲下去，拨开叶子一看，发现那下面是一颗颗类似椭圆形的橘红色的坚硬的小果实。它们就跟铃兰花一样美丽，好像希望我把它们做成耳环，送给朋友们戴上呢！

森林通讯员　维利卡

草地换装

8月20日——今天，我起得很早很早，往窗外一看，呀！青草怎么全变成天蓝色的了！所有的草都被浓雾压得低着头，忽闪忽闪地。我明白了，是露球撒在鲜绿色的青草上，把它染成天蓝色的。

远处的森林边上，还没有收割的燕麦也是一片天蓝色。琴鸡妈妈常常带着它的小鸡们，到田里去偷吃粮食。琴鸡经过天蓝色的燕麦田时，田地都变成绿色的了，因为琴鸡在燕麦丛里跑过的时候，把露水给碰掉了。

森林通讯员维利卡

绿色朋友

请爱护森林！

如果有闪电打在枯树上，那可要坏事儿了；如果有人把没有熄灭的火柴丢到了森林里，那也是要坏事的；如果人们没把篝火熄灭就走了，那就更危险了！

那一星星的微火，会像细细的小蛇那样从篝火里爬出来，钻到苔藓和一堆堆干枯的树枝、树叶里去。然后，它从枯叶堆里蹿出来，舔一下灌木，又跑到另一堆枯树枝前去了。

这就是林火，要扑灭它，一秒钟也耽搁不得！如果林火还很小、很弱，你一个人就可以扑灭它。快折一些新鲜的带绿叶子的树枝，对着火苗拼命地扑打，一定别让它蔓延、转移！如果火大的话，把你的朋友也找来帮忙吧！

如果你手边正好有铁锹或者哪怕是结实点儿的木棍，就可以挖点土，用泥土和成块带土的草皮把火盖灭。如果火苗又从土底下钻了出来，爬上树，从一棵树往另一棵树上蹿升的话，这场林火就是真的着起来了。不要犹豫和迟疑，赶紧飞奔去叫人来救火吧！鸣警报！

维利卡

林子里的战争（续前）

这里是第三块采伐地，我们的森林通讯员已经来到这里了。十年前，伐木工人就开始在这里砍伐树木了。这么多年过去了，现在这里已经成为白杨和白桦的天下了。

作为这片林地的"统治者"，白杨和白桦霸占着这片土地，不让任何别的植物在这里占据一席之地。每年春天，青草都努力想从土里钻出来，但是在白杨和白桦组成的树荫下，它们很快就闷死在这顶巨大的帐篷底下了。每隔两三年，云杉就要结一次种子。每结一次种子，云杉家族都会派一批新的伞兵到采伐地去。不过，没等那些云杉种子长成小树苗，它们就被小白桦和小白杨给闷死了。

小白桦和小白杨不是一天一天地长大，而是一个钟头一个钟头地长大。浓密的小树，一群群、一排排地耸立在林地上，长得比以前更加密实。小树太多了，大家终于觉得拥挤了，于是彼此之间发生了争吵。每一棵小树都想为自己多争取一点儿养分和阳光，每一棵小树都拼尽全力努力长高、长宽，这样它们才能和邻居们竞争。林子里的树木你推我搡，一片混乱。

那些身体强壮的小树因为根系更强大，所以比那些弱小的小树长得更快，树枝也更长。强壮的小树长高之后，它的树枝就会一点点伸到旁边小树的头上去，这些小树被树荫遮住以后，就再也难见阳光了。在浓荫的遮蔽下，采伐地上最后一批

瘦弱的小树也死去了。矮小的青草好不容
易从地里钻了出来,不过对那些已经长高了的小树来说,
这已经构不成什么威胁了。就让它们在脚下长吧,这样还可以暖和
些呢!然而,这些胜利者们却忽略了一个事实,它们的后代——白杨
种子和白桦种子——也会落在这个阴暗潮湿的"地窖"里,这些种子
最终都难逃一个命运,那就是窒息而死。

　　每隔两三年,颇有耐性的云杉仍然会不断地派伞兵到这片草木
丛生的采伐地来,但胜利者对这些小东西根本不屑一顾,甚至连看都
不看它们一眼。它们能把胜利者怎么样?就让它们落在"地窖"里瞎
折腾去吧!

　　令胜利者想不到的是,小云杉到底长出来了。虽然那些黑暗和
潮湿相伴的日子不好过,不过它们总算从土里钻出来了。现在,阳光
对于它们的成长来说已经够了,尽管它们长得又细又弱。

　　其实,这里也并非一无是处,至少这里没有冷风来袭,至少它们
不会被狂风连根拔掉。暴风雨来临的时候,白桦和白杨顶风冒雨,在
风雨中累得呼呼地喘气,腰都快折断了。这时候,小云杉待在"地窖"
里反倒更安全。

　　除了这一点,这里也挺暖和,食物也够吃。在这儿,春季刺骨的
早霜和冬季严寒的风雪根本伤害不到它们。这儿的环境跟光秃秃的
采伐地可不一样。秋天,白桦和白杨的枯叶落在地上腐烂了,发出热
来,青草也发热,这些会让小云杉感到暖和。它们要面对的最大困难
只有一个,那就是耐心地忍受"地窖"里一年四季的阴暗与潮湿。

　　小白桦和小白杨喜爱阳光,但小云杉和它们不一样。它们可以

忍受黑暗，在黑暗中积蓄着力量，

忍耐着，生长着。

我们的通讯员很同情它们的境遇，但还是离开了，他们又到第四块采伐地去了。

我们等待着他们新的报道。

乡村生活

到了该收庄稼的时候了。集体农庄里的黑麦田和小麦田就像无边无际的海洋，麦穗又高又壮实，沉甸甸的，每一根麦穗里的麦粒都密密匝匝、个个饱满。

亚麻也成熟了。人们正忙着在田里用机器收割亚麻，机器的收割速度可真快呀！妇女们正跟在收割机后面捆麻，把一行行倒下来的亚麻捆成束，再把一束束亚麻堆起来，每十束堆成一垛。很快，麻田里就会立起一排排的麻垛，就好像一行行的士兵在站岗似的。

山鹑找不到足够的吃的东西，只好带着全家老少从秋播的黑麦田搬到春播的田里去了。

人们正在收割黑麦。肥硕、壮实的麦穗在割麦机的钢牙下，一束接一束地倒了下来。大家把一束束的麦子捆起来，堆成垛。田里的麦垛越来越多，就好像运动会上运动员的列队。

菜园子里，胡萝卜、甜菜和其他蔬菜也成熟了。人们把它们搬到火车站，用火车把它们运进城里去，城市里的人们就可以吃到新鲜可口的鲜黄瓜，喝到用甜菜做的蔬菜汤，吃到胡萝卜馅饼了。

农庄里的孩子们都到树林里去采蘑菇和熟了的树莓、越橘。在各处的榛子林里，都有一群群的小孩。孩子们在那儿采榛子，不把口袋装得满满的，他们是不会回来的。成年人现在可没时间采榛子，他们都在忙着割麦、打麻，得把所有的田再耕一遍，还得把翻起的泥土耙一遍，因为快要开始播种秋天的作物了。

孩子们的成果

我们国家的很多森林都在战争期间给毁掉了，现在，森林工作

者正在努力设法重造森林,中学生们也参与到这个工作中来了。

栽培一片新的松树林,需要好几百千克的松子,于是孩子们用三年的时间收集了 7.5 吨松子。他们还帮助森林工作者整地、照料树苗、守卫森林,还参加了森林防火工作。

森林通讯员 查略夫

忙碌的人们

一大清早天刚蒙蒙亮,集体农庄的所有人就动身下地干活去了。孩子们紧跟着大人,大人到哪儿,他们就跟到哪儿。在割草场,在农田里,在菜园里,到处都有孩子们干活的身影。

瞧,孩子们掮着耙子来了。他们手脚麻利地把干草耙到一起,然后装到大车上,送到集体农庄的干草棚里去了。清除杂草也是孩子们要做的事,他们常常在亚麻田和马铃薯田里清除香蒲、滨藜和木贼等杂草。

到了拔麻的时节,拔麻机还没在亚麻地里出现,孩子们就先到了。他们拔掉亚麻地四角上的亚麻,这样拖拉机在拖着拔麻机工作时,在需要转弯的地方就能更方便些。在收割黑麦的田里,也能看到孩子们的身影。麦子收割完后,他们把掉在地上的麦穗耙到一起,统一收拾起来。

乡村新闻

作物的礼物

集体农庄的田里传来了消息。禾谷作物报告说,它们那儿一切都很顺利,谷粒已经成熟了。人们可以放心地去收割,不用再操什么心了。可是农庄里的人们怎么能放心呢?要知道,越是到收获的季节,大家才会越忙啊!

拖拉机拖着联合收割机到田里去了。联合收割机真是一个多面手,收割、脱粒、簸分,这些活儿它样样精通。联合收割机开进田里的时候,黑麦比人还高,可是当收割机从田里开出来的时候,黑麦只剩下低矮的残株了。成熟的麦粒都被装到了口袋里,将一个个的口袋都撑得鼓鼓的,这是作物为感谢人们的辛勤照顾而送给大家的礼物。

马铃薯地的变化

集体农庄里有两块马铃薯地，一块大一些，是深绿色的；另一块很小，已经变黄了。我们的森林通讯员发现，第二块田里的马铃薯茎叶都枯黄枯黄的，好像要死了似的。通讯员决定弄清楚这是怎么回事，不久他寄来了这样的报道：

"昨天，变黄了的马铃薯地里跑来了一只公鸡。它把土刨松了以后，召唤来了许多母鸡，然后在地里进行了一场丰收的马铃薯盛宴。一位姑娘经过这里，看见了这个情景，跟她的女伴笑着说：'这可好了，公鸡头一个来帮我们收早熟的马铃薯了，它可能都知道我们明天就要开始收早熟的马铃薯了吧！'"

我们的通讯员根据这个情况，得出了结论：茎叶变黄了的马铃薯，其实是早熟的马铃薯。因为已经成熟了，所以它的茎叶变黄了；而那块面积大的深绿色田里，栽的是晚熟的马铃薯。

林中简讯

在集体农庄的树林里，长出了第一

个白蘑，好大、好结实的白蘑呀！它的帽子上有个小坑儿，周围是湿漉漉的穗子，上面粘了许多松针。这株白蘑四周的土都是拱起来的，在这里，你一定能找到许许多多的大白蘑、小白蘑、小小白蘑和顶顶小的白蘑呢！

一封从远方来的信

我们乘船沿着哈拉海东部航行，周围是一片汪洋。这辽阔的海洋看不见边，好像也没有尽头。忽然，桅顶的监视员喊了起来："正前方有一座倒立的山！"

"一定是他产生幻觉了吧？"我心里这样想着，一边想一边爬上了桅杆。

这下我也看清楚了，我们的船正向着一个岩石覆盖的小岛驶去。这座岛上下颠倒，倒挂着悬在半空中。从我们这里可以清楚地看到，那些岩石也是倒挂在空中的，没有任何东西托住它们！

"伙计，"我自言自语地说，"难道是你的脑子坏掉了吗？"

正这样想着，我突然想起一个词来：海市蜃楼。对，就是它！想到这儿，我不由得笑了起来。

海市蜃楼是一种奇异的自然现象。在北冰洋上，常

常有这种现象发生。所谓的海市蜃楼，其实是阳光折射造成的一种视觉假象。有时，在海上行驶的船只走着走着，就会忽然看见远处的海岸，或者看到一条船倒挂在空中。这是这些景物在空中颠倒过来的映像，这个道理跟照相机的原理差不多。

几个钟头以后，我们的船到达了那个远处的小岛。小岛当然没有倒挂在半空中，而是稳稳当当地矗立在水里，那些岩石也都好端端的。

船长测定了方位，又看了看地图，然后告诉大家这是比安基岛，位于诺尔勒谢尔群岛的海湾入口处。这个岛命名为比安基岛，是为了纪念俄罗斯科学家瓦连京·利沃维

奇·比安基,也就是我们《森林报》所纪念的那位科学家。我想,可能你们也很想知道这个岛是什么样儿的,岛上都有些什么东西吧?

这个岛看起来其实更像是一个乱石堆,岛上到处是巨大的圆石头,也有棱角分明的大石板。岩石上没有灌木,更没有青草,只稀稀拉拉、零零星星地生长着一些开着淡黄色和白色小花的植物。另外,在背风朝南的岩石面上,则到处长满了地衣和短短的苔藓。这里有一种青苔,很像我们那儿的平菇蘑菇,很软、很肥。在别的地方我可从来没有看见过这种青苔。

倾斜的海岸上,有一大堆漂来的木头,有圆木,有树干,也有木板。这都是顺着洋流从别处流浪到这里来的,有的说不定都漂了几千千米呢!这些木头都非常干燥,屈起手指头轻轻敲一下,它们就会发出很脆的声音来。

现在是七月底,可是这里的夏天才刚刚开始。不过,这也并不妨碍那些大冰块、小冰山悄无声息地从岛旁漂过。它们在阳光下亮闪闪的,晃得人睁不开眼睛。这里的大雾很重,低低地笼罩在岛上和海面上。过往的船只一眼望去,只能看见桅杆,不见船身。不过,这儿也难得有船只经过。因为岛上荒无人烟,所以岛上的野兽一点儿也不怕人。按照那个古老的传说所说,无论谁,只要往那些动物的尾巴上撒点盐,就能捉住它们。

比安基岛称得上是鸟儿的天堂。这里可不像鸟的闹市,完全没有那种几万只鸟胡乱挤在一块岩石上

筑巢的情况。在这里,所有的鸟儿都可以自由自在地在岛上选择自己的住所。在这里安家的,有成千上万的野鸭、大雁、天鹅、潜鸟以及各色各样的鹬。海鸥、北极鸥、管鼻鹱比这些鸟儿住得高一些,它们的巢就筑在光秃秃的岩石上。这里的海鸥种类多得数不清,有浑身雪白、黑翅膀的鸥;有身体瘦小、毛色粉红、尾巴象剪刀那样叉开的鸥;还有体形硕大、性情凶猛的北极鸥。北极鸥这家伙什么都敢吃,它们吃鸟蛋、吃小鸟,甚至还能吃小动物。这儿还有浑身雪白的北极大猫头鹰,抖动着雪白的翅膀、挺着白胸脯,还有飞到云端唱歌的雪鹀。北极百灵鸟在地上边跑边唱,它们颈上生着的几绺黑羽毛就像黑胡子似的,头上还高高竖起两撮黑冠毛,活像一对小犄角。

　　鸟儿已经够多了,可这儿的野兽比鸟儿还多呢!

　　当我带着早点来到岸边吃时,身旁就有许多旅鼠窜来窜去。这是一种个儿很小的啮齿动物,它们浑身毛茸茸的,有灰色,有黑色的,也有黄色的。岛上的北极狐很多。我在乱石堆当中看见过一只,它正偷偷地靠近一群还不会飞的小海鸥。忽然,大海鸥发现了它,它们立马齐齐向它飞过去,尖叫着,大喊着,吓得小偷在一片吵闹声中夹着尾巴,没命地逃走了。

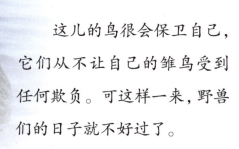

这儿的鸟很会保卫自己，它们从不让自己的雏鸟受到任何欺负。可这样一来，野兽们的日子就不好过了。

我开始往海上眺望，海面上也有许多正在游水的鸟。我打了一声唿哨，突然间，岸边水底下钻出几个油光锃亮的圆脑袋，那圆脑袋上的一双双乌黑的眼睛好奇地盯着我一动不动，好像在问："哪儿来的丑八怪？他干吗吹口哨呀？"

生活在北冰洋里的环斑海豹，是一种不大的海豹。后来，在离岸远一些的地方，又出现一只很大的海豹。再远一点儿，还有几只长着胡子的海象，它们的个儿显然要更大。忽然之间，所有的海豹和海象都钻进水里不见了，鸟儿大声叫着，统统飞上了天空。原来有一只白熊从岛旁游过，它刚从水里露出一个脑袋。白熊是北极地区最凶猛、力气最大的野兽，难怪那些动物都惊恐地逃走了。

我觉得肚子饿了，这才想起拿出早点来吃。我想我应该记得没错，我是把它放在自己身后一块石头上的，可是这会儿却找不着了。我把石头翻了个儿，也没找着。

我站起身来。

这时，一只北极狐突然从石头后面窜了出来。小偷，一定是这个小偷偷走了我的早点。一点儿没错，这不，它的嘴里还衔

着我用来包面包的那张纸呢！

你瞧，这岛上的鸟真是够强悍的，它们把这样一个体面的野兽给饿得不得不去当小偷了！

远航领航员 马尔丁诺夫

打 猎

现在这个时节，打猎能有什么收获呢？这会儿雏鸟还没长大、还没学会飞，更何况这些小家伙是不能打的，法律禁止在这个时期猎杀飞禽走兽。不过，对于那些专吃林中小动物的猛禽和危险而有害的野兽，即便是在夏天，法律也是允许猎杀的。

恐怖的夜晚

夏天的晚上，如果你到外面去走走，就会听见从树林里传来一阵阵古怪的声音，这些声音听得人毛骨悚然，胆小的人一定会被吓得汗毛都竖起来呢！有时候，从阁楼或者屋顶上还会传来好像人闷声闷气说话的声音，仿佛有人在那里打招呼："快走！快走！大祸临头！"

就在这时，在黑漆漆的夜色里，燃起两盏圆圆的绿灯，这是一双凶恶的眼睛。接着，一个无声无息的阴影倏地从你身旁一闪而过，差点儿擦着你的脸。这样的时刻，你能不感到害怕吗？

大概正是由于这种恐惧心理，所以人们才讨厌各种各样的猫头鹰。树林里的猫头鹰常常在夜里纵声狂笑，笑声尖锐刺耳；栖息在人家屋顶上的鸮鸟，则喜欢用一种不吉利的沙哑的嗓音，一个劲儿地招呼人们："快，走！快，走！"就算是大白天，如果从一个黑乎乎的树洞里突然探出一个长着一双溜圆眼睛的怪脑袋，它长着钩子似的尖嘴巴，发出很响的吧嗒吧嗒的声音，也很容易吓人一大跳的吧！

如果深更半夜里，家禽受到了骚扰，鸡呀，鸭呀，鹅呀一齐乱叫起来，咯咯咯、呷呷呷、嘎嘎嘎吵成一片。第二天早晨，主人家清点家禽的数目时发现不够数儿了，那他一定会把这笔账算到猫头鹰或鸮鸟身上。

猛禽干坏事

猛禽不光在夜晚做出见不得光的勾当，就算光天化日之下，它们也会铤而走险，搅得集体农庄里的人们不得安宁。

鸡妈妈一个不留神，它的小鸡就会被老鹰抓走一只。

一只公鸡刚跳上篱笆，鸮鹰"嗖"的一声就把它抓走了！鸽群刚从房檐上飞起，一只游隼不知从哪儿蹿出

106

来，一下冲进鸽群。一只鸽子很快丧命于它的利爪之下，只见绒毛四散飞舞，游隼抓住那只死鸽子，又是"嗖"的一下消失得无影无踪。

如果猛禽落到痛恨它的人手里，可就惨了，那个对猛禽恨得咬牙切齿的人才不去研究到底谁是真凶呢。他只要见到这只猛禽长着钩形的嘴和长爪子，就会立刻将它打死。他要是逞一时之快，不计后果地把周围一带所有的猛禽都打死或赶跑，那他到时候可就后悔莫及了。因为没有了猛禽，田里的老鼠将大批地繁殖起来，金花鼠会把整片的庄稼都吃光，兔子会把整个菜园里的白菜都啃光了。那个莽撞人将会因自己的行为使得集体农庄的作物遭受巨大的损失。

识别朋友和敌人

为了避免前面所说的那种情况发生，我们首先要好好地学会辨别有益的猛禽和有害的猛禽。那些伤害野鸟和家禽的猛禽，是有害的；那些消灭老鼠、田鼠、金花鼠和其他对我们有害的啮齿动物，以及蚱蜢、蝗虫等害虫的猛禽，是有益的。

猫头鹰和鸢鸟，不管它们的模样有多么可怕，但多数都是益鸟。我们这里的那种较大的鸢鸟：大角鸮和圆脑袋的大鸢鹰是有害的。不过即便是有害，这两种鸟儿也会经常捕捉危害庄稼的啮齿类动物呢!

白天经常出没的猛禽中，最有害的是老鹰。我们这儿的老鹰有两种:体形壮硕的游隼和小个子的鹞鹰。要把老鹰和其他猛禽区分开来，并不是件难事。老鹰一般都是灰色的，胸脯上有杂色的纹路，它们长着小小的脑袋，低低的前额，淡黄色的眼睛，翅膀圆圆的，尾巴长长的。

老鹰生性强悍、凶恶，就算是个儿比它们大的动物，它们也敢往上扑。有时，就算肚子已经吃得饱饱的了，它们也会毫不犹疑地对其他鸟儿进行攻击。

鸢的尾巴尖是分叉的，根据这种尾巴的特征，很容易将它从猛禽中认出来。它比老鹰弱得多，它不敢扑那些个儿大的飞禽走兽，只是到处张望，伺机捕捉那些笨头笨脑的小鸡，或者寻找腐烂的动物尸体啄食。

大游隼也是害鸟。它们的翅膀尖尖的、弯弯的，就像两把镰刀。它们比所有鸟儿都飞得快，而且常常突然向那些正在高飞的鸟发起突袭。这样可以避免在扑空时，一下撞在地上而受伤。

那些小个儿的游隼中，有一些是非常有益的鸟儿，最好不要惊扰它们，例如红隼。

红隼的羽毛是红褐色的，它们常常在田野上空飞翔。当它悬在半空中时，就好像有一根看不见的线把它挂在云朵上一样。它抖动着翅膀，搜寻草丛里的老鼠、蚱蜢、蝗虫。

猛禽中的雕对我们是害多利少。

怎样打猛禽

隐藏在巢旁

有害的猛禽常年都可以打,猎杀这些鸟儿有各式各样的方法,最方便的是在巢旁打它们。不过,这种打法是很危险的。

为了保护自己的孩子,这些体形硕大的猛禽会不顾一切地直向人扑过来,所以,你必须得在离它很近的地方开枪。枪要打得快,打得准,不然的话,你的眼睛没准就保不住了。不过,想找到它们的巢可不是件容易事。雕、老鹰、游隼都把自己的巢安置在难以攀登的岩石上,或者深山老林里那些高大的树上。大角鸮和大鸮鹰的巢就建在岩石上,或者浓密的丛林里,或者干脆建在地上。

突然袭击

雕和老鹰捕猎时非常有耐性,它们常常落在干草垛上、白柳树上,或者单独耸立的枯树上，一待就是好长时间，为的就是寻找可以捕捉的小动物。那个时候，人要想接近它们可不是一件简单的事。所以，这时就得靠偷袭。

偷袭的时候，可以从它们身后的灌木丛或者石头后面悄悄爬过去打，必须要用远射程的来福枪，用小子弹。

找个好帮手

为了打白天出来活动的猛禽，猎人常常会带上一只大角鸮。

打猎的头一天，猎人找好了猛禽经常出没的地方。他在附近的一处小丘上插上了一根木杆，木杆安着一根横木。在离木杆几步路开外，他又往地上插了一棵枯树，然后给自己在旁边搭了个小棚子。

第二天早晨，猎人带着大角鸮来到这里。他把它放在木杆的横梁上，系好，自己躲在小棚子里。用不了多久，只要老鹰或者鸢看见了大角鸮这个可恶的丑八怪，它们马上就会向它扑过来。因为大角鸮夜里经常出来打劫，树敌很多，其他的猛禽都趁机落井下石，报复它。

它们在空中盘旋着，一次次地向大角鸮

扑过来,有的还落到枯树上,朝这个强盗大声咒骂。被系在木杆上的大角鸮,只好竖起浑身的羽毛,眨巴着眼睛,吧嗒着钩形的嘴,什么也做不了。

愤怒的猛禽都忙着袭落、打击、报复大角鸮,谁也没有注意到一旁的小棚子。这时候,就请你开枪打吧!

暗夜出击

最有趣的打猎是在晚上打猛禽。要想知道雕和其他大猛禽晚上会飞到哪里过夜,这并不是件难事。比方说,在没有岩石峭壁的地方,到了晚上雕就会在孤零零的大树顶上打盹。

有经验的猎人会挑一个没有月光的黑夜,来到这样一棵大树旁。

熟睡中的雕对猎人的到来完全没有察觉。猎人悄无声息地来到树下,出其不意地亮出藏在身边的强光灯。一道耀眼的亮光突然照准雕射去,雕被亮光照醒了,眯着眼睛,迷迷糊糊没睡醒的样子。它眼睛盲着呢,完全不明白发生了什么事,还傻乎乎地待在那儿一动不动。

树下的猎人已经把它看得清清楚楚了,他瞄准了猎物,这才扣动了扳机……

开猎了

从七月末开始,猎人就等不及了,一个个都摩拳擦掌的。雏鸟虽然已经长大了,可是还没有公布允许打猎的日期。猎人在万分焦急中好不容易等来了这一天,报纸上公布说,从八月五日起,允许去森林和沼泽地里打猎了。

八月五日那天,下班的时候,各地城市的火车站上都挤满了扛着猎枪、牵着猎狗去打猎的人。

嗬!火车站上展开了一场临时性的猎狗展览会,这里什么样的猎狗都有。短毛猎犬和光毛猎犬,尾巴直直的,像一根鞭子似的。这些狗什么颜色的都有:白色带黄斑点,黄色带杂色斑点的,棕色带杂色斑点的,底毛为白色,眼睛、耳朵、全身有大黑斑的,深咖啡色的,浑身乌黑油光闪亮的。那些长毛的、尾巴像羽毛一样的谍犬,有的毛色为白色带闪着青灰色光的小黑斑;有的为白色带大黑斑。还有一些纯色的长毛猎狗,它们有的浑身黄色,有的浑身火红,还有的几乎是纯红色。有些大个儿的猎犬,它们行动迟缓,显得很笨拙,可是它们的鼻子却极其灵敏。还有一种小的狗,毛很长，腿很短，长耳朵差不多都快拖到地上了，尾巴只有短短的一截儿，这是西班牙猎犬。这种猎犬不会指示方向，可它却是猎人在草丛里、芦苇里打野鸭，或是在树林里打松鸡时的得力帮手。

大多数猎人都是坐火车下乡，每一节车厢里都有猎人。他们和他们的猎狗是车上的焦点，吸引了所有人的目光，也引得大家纷纷议论起野味、猎狗、猎枪和打猎的故事来。在人们的议论声中和羡慕的眼光中，猎人们觉得自己简直成了英雄好汉。

六号晚上和七号清晨的火车，又把那些猎人乘客载了回来。可是，好些猎人的脸上都看不到胜利的笑容，干瘪瘪的背包垂头丧气地挂在他们的背上。这时，那些普通乘客又笑容满面地问起这些不久前还是英雄好汉的猎人。

"您打的野味在哪儿呀？"猎人们回答说："野味留在林子里了。"或者回答，"飞到海的另一边送死去了。"

可就在这个时候，从中途的一个小站上来了一个猎人。因为他的背包鼓鼓囊囊的，所以很快引来一片称赞声。他装作若无其事的样子，只顾着找空座。他刚坐下，这时他的邻座，一个眼尖心细的人，一下子就向全车厢的人爆了一个大料："哈哈！你打的野味怎么全都是绿爪啊！"这个人说着，毫不客气地把背包揭开了一角，从那里面立刻露出了云杉树枝的梢儿，这时那个猎人该有多不好意思啊！

一起动动脑吧!

打靶场

第五次竞赛

1.雏鸟嘴上的硬疙瘩是什么?

2.有尾巴的牛和没尾巴的牛,哪个吃得饱一些?

3.猛禽和猛兽什么季节吃得最饱?

4.哪种动物生两次、死一次?

5.什么动物在成长以前要成年三次?

6.为什么人们都说:"好像鹅背上的水。"

7.为什么狗热的时候吐舌头,而马不吐?

8.哪种鸟的雏鸟不认识自己的妈妈?

9.哪种鸟的雏鸟会像蛇那样从树洞里发出唑唑的声音?

10.怎么根据嘴巴的颜色区别秃鼻乌鸦是年轻的,还是年老的?

11.哪一种鱼在孩子没长大以前会照顾它们?

12.蜜蜂蜇人以后,它自己会怎么样?

13.蝙蝠刚生下来的时候吃什么?

14.中午的时候,向日葵会朝向哪里?

15.两个怪兽经常一起赛跑。一个会不停地眨眼,一个会放声大叫。(谜语)

16.早晨,田野是天蓝色,中午的时候为什么变成了绿色?

17.几个小老头,头戴红帽子,要想看清楚,你得弯下腰。(谜语)

18.坐的是一根细棒子,穿的是一件红衫子,露出亮晶晶的小肚子,肚子里装满了小石子。(谜语)

19.眼睛生在角上,房子背在背上。(谜语)

"火眼金睛"称号竞赛

请帮助流浪儿

雏鸟一般都是在七月出生,在这个月里,常常可以看到雏鸟从巢里掉下来,或者和自己的妈妈走失。它要么躺在地上,要么把头往灌木丛、草丛里乱钻,就是想避开你这个两只脚的大怪物。它肯定吓坏了,因为它的两只脚还很柔弱,翅膀也不会飞。它只会哭叫,叫得好响、好可怜呀! 它是在叫它的妈妈,你一定也很想把它送还给它的爸爸妈妈。可是,它的爸爸妈妈是什么鸟呢?

这时候,你肯定挺烦恼的,这可该怎么办呢? 其实你不必烦恼,不如睁大你的眼睛好好看看它吧。要猜出它是什么鸟,的确不容易,因为雏鸟跟它们的父母长得真的很不像。而且它的父母之间往往也不很像。不过这都不要紧,因为你有一双敏锐的眼睛。你仔细看就会发现,雏鸟的脚、嘴分别都是什么样,然后你再去找那些有同样的脚和嘴的大鸟就行了。成年的雄鸟和雌鸟的羽毛可能不一样,至于雏鸟,可能根本还没长羽毛,它有的只是一身绒毛,甚至还可能是光着身子呢。但是根据它的嘴和脚,你就能一眼认出它的父母来。这样,你就可以把它们丢失的孩子送还给它们了。

《森林报》编辑部

雏鸟的爸爸妈妈

通过学习和观察,你能说出琴鸡、野鸭、燕雀、红脚隼和鹬鹏五种鸟,它们各自的幼鸟和成鸟的长相有什么差异吗?

8月——学习成长月

八月，是闪电的月。夜晚，远方的一道道闪电照亮了森林，转眼就消失在天际。

草地换上了夏季里的最后一身衣裳。现在，它变得五光十色。草地上的花儿大多是深颜色的，蓝色的、淡紫色的小花在阳光下仰着脸，俏生生的。曾经炙热的太阳光变得越来越弱，草地上的生灵开始收集和储藏这即将要告别的阳光了。

蔬菜、水果快要成熟了，晚熟的浆果，比如树莓、越橘也快要成熟了，沼泽地上的蔓越橘、树上的山梨，也都快要熟透了。

背阴的地方长出了一些蘑菇，它们不喜欢热情似火的太阳，一直藏在阴凉地里躲避阳光，活像小老头。

树木已经不再往高里长了，现在它们开始横着长，变得越来越粗壮。

林子里的新规定

我为大家，大家为我

树林里的小家伙们都长大了，纷纷从自己的窝里爬出来了。

春天的时候，鸟儿们总是出双入对，住在自己一块固定的地盘上，现在它们却带着孩子们，满树林里游荡起来。森林里的居民像过节一样，开始相互拜访，串起门来。

就连那些猛兽和猛禽，也不再像以前那样严格保护自己的狩猎区了。森林里的野味多得是，大家都够吃，何必还搞得像仇敌一样呢？

貂、黄鼠狼和白鼬在树林里东游西荡，它们无论在哪儿，都可以不费事地得到食物，森林里有的是傻头傻脑的雏鸟，天真的小兔子，马虎粗心的小老鼠。

鸣禽聚集起来形成群，在灌木丛和树林之间飞来飞去。

每个群体都有自己的规矩和习惯。不过规矩大致都一样：我为

大家，大家为我。

在鸟群里，谁最先发现敌人，就得尖叫一声，或者发出一声响亮的哨音，这是在警告大家，让大家赶紧四散飞走。如果有一只鸟遇到危险，大家就一齐飞起来，吵着闹着，把敌人吓退。

成百对眼睛、成百双耳朵在防备着敌人，成百张尖嘴正准备随时将敌人击退。对每个群体来说，加入自己群中的鸟儿自然都是越多越好。

鸟群里面有这样一条不成文的规定：一举一动都要模仿老鸟。这个规定显然是针对所有年轻的鸟儿的。如果老鸟们不慌不忙地啄麦粒，雏鸟也得跟着啄麦粒；如果老鸟们抬起头来不动，雏鸟也得抬起头来不能动；如果老鸟们突然飞起来逃命，雏鸟也得跟着逃跑。

鸟儿们的教练场

鹤和琴鸡都有一块属于它们的教练场，供它们的孩子学习本领。

在林子里，有琴鸡的一块教练场。小琴鸡聚集在那里，看琴鸡爸爸为它们示范动作。琴鸡爸爸"咕噜咕噜"地叫，小琴鸡也"咕噜咕噜"地叫起来;琴鸡爸爸"啾啾"地叫一声,小琴鸡也跟着,尖着嗓子细声细气地叫起来:"啾啾!"

可是现在琴鸡爸爸的叫声已经变得跟春天的时候不一样了。春天,它的叫声好像是在说:"我要卖掉皮袄,我要买件大褂!"而现在则变成了:"我要卖掉大褂,我要买件皮袄!"

小鹤们排着整齐的队伍,飞到它们的教练场上来了。它们要学习的课程是怎样在飞行时保持正确的三角阵型的列队。小鹤们必须得学会这件事,因为在长途飞行时,这样的队形可以帮助节省不少力气。

在这个阵型里,飞在最前头的是身体最强壮的老鹤。它作为这个队伍的领头者,承担着冲破气浪的重任,这个重任所花的力气比其他的鹤都要大。长途飞行中,如果这只老鹤飞累了,它就会主动退到队伍的末尾,再由其他强壮的老鹤来代替它领队。

年轻的小鹤跟在领头的老鹤后面飞,一只紧跟着一只,脑袋接着尾巴,尾巴连着脑袋,按着一定的节拍扇动着翅膀。哪一只身体壮实一些,就飞在前面;哪一只身体瘦弱一些,就跟在后面。

这个队伍用三角阵型中的那个尖的部位冲破一个个的气浪,就像小船用船头破浪前进一样。

小鹤们的队伍飞到一个目的地以后,老鹤会发出"咕勒咕勒"的叫声,这表示的意思是:"注意,到地方了!"

降落的命令传达下去以后,队员们一个跟着一个落在田野中的一块空地上。小鹤们在这里开始了新的学习课程,它们要练习跳舞、体操,不停地跳啊、转啊,按节奏做出各种漂亮的动作。此外,它们还有一项难度较大的练习课:用嘴把一块小石子抛到空中,再用嘴接住它。

这是小鹤们在为它们之后要面临的长途旅行所做的准备工作。

蜘蛛起飞了

没有翅膀怎么飞呢?小蜘蛛自有绝招。这不,几只小蜘蛛立马化身飞行员了。

它们从肚子里放出一根细丝来,挂在灌木上。微风吹来,细丝随风飘动,可是吹不断。它是那么的坚韧,就像蚕丝一样。

小蜘蛛站在地上,蜘蛛丝从灌木上挂下来,一直临近地面,在空中晃荡着。小蜘蛛继续在那儿抽丝、吐丝,它吐出来的丝把自己的身子缠住了,缠得浑身都是,搞得它就像一只蚕蛹似的,可是它还在不停地抽啊、吐啊。

蜘蛛丝越抽越长,风也越吹越大。小蜘蛛用八只脚牢牢地抓住地面,使出了浑身力气,一、二、三!它准备出发了,在咬断了挂在细枝上的那一头后,小蜘蛛乘着一阵风起飞啦!

重大新闻

一只山羊吃光了一片树林

你可不要以为这是在开玩笑,我说的可是千真万确的事,真有一只山羊吃光了一片树林。

这只山羊是一位林业员买的,林业员把它带到自己看守的那片林子里,将它拴在草地边上的一根柱子上。没想到,到了晚上这只羊竟然把绳索挣断,自己逃走了。

这儿的周围全是树木,逃走的山羊上哪儿去了呢? 还好,这一带没有吃羊的狼。

羊丢了以后,人们找了它三天都没找到。第四天,它居然自己回来了,还"咩咩"地叫着,仿佛在说:"你好啊! 我就是你们找的那只羊,我回来了!"

晚上,邻近一个树林的林业员慌慌张张地跑过来说,在他负责看

守的那片森林里，所有的树苗都被这只山羊给啃掉了。那可是整整一片树林啊！

这些树苗还都那么小，完全不会保护自己。任何一只牲畜都能欺负它，把它从土里拔出来吃掉！

这些小松树苗正对山羊的口味。它们长得那样精神，那样漂亮，像小棕榈似的，下面是一根纤细的红色的小茎，上面是柔软的绿针叶子，叶子像扇子那样张开着。对山羊来说，这简直是太好吃了。

对于那些大松树，山羊自然是不敢碰，搞不好的话，大松树会把它戳个头破血流呢！

森林通讯员 维科卡

强盗逃走了

森林里的黄鹂莺成群结队，在林子里到处飞。它们从这棵树飞到那棵树上，又从这个灌木丛飞到那个灌木丛。每棵树、每个灌木丛它们都不放过，一会儿飞上去，一会儿落下来。森林里的每个角落都被它们搜寻了一遍，哪里有青虫、甲虫或蝴蝶，哪里就有它们的身影。

"啾啾！啾啾！"一只小鸟惊慌失措地叫了起来。所有的小鸟立刻警惕起来，只见两棵树底下躲着一个黑色的家伙，它正偷偷地向它们爬过来。这家伙一会儿露出乌黑的脊背，一会儿隐没在地上的枯木中间。它那细长的身子像蛇一样来回扭动着，两只小眼睛露出贪婪而狠毒的凶光。原来这是一只想打它们坏主意的貂。

"啾啾！啾啾！"四面八方的小鸟都叫起来，所有的黄鹂莺都匆匆忙忙地飞离了那棵大树。

大白天里遇到这种情况还好些。只要有一只鸟发现敌人，全群的鸟儿就都可以得到它的警报而逃走。但到了晚上就麻烦了。夜里，小鸟都躲在树枝下睡觉，但敌人这时候却会出来活动。猫头鹰扇动着软软的翅膀悄无声息地飞过来，看准小鸟在什么地方，"嗖"地一下就飞过去了，睡得正香的小鸟吓得惊惶失措，四下乱蹿。但总有那么两三个同伴被抓走，死在强盗的铁爪中。漆黑的夜晚，实在是太可怕了！

这会儿，一群小鸟正从一棵树飞上另一棵树，越过一簇簇灌木丛，直向森林深处飞去。这些机灵的小鸟穿过茂密的树叶，钻进了森林里最隐避的角落。

在密林深处，有一个粗大的树桩子，树桩子上长着一簇奇形怪状、带毛的木耳。一只好奇的鹂莺飞到木耳跟前去了，它想看看那儿有没有蜗牛。忽然间，灰色的木耳抬起头来，露出了两只冒着凶光、圆溜溜的眼睛。鹂莺这才看清那是一张猫儿似的圆脸，脸上有一张钩子似的弯曲的嘴巴。鹂莺大吃一惊，连忙闪到一边，同时尖声高叫起来："啾啾！啾啾！"它的叫声让整个鸟群都骚动起来，可是一只小鸟

也没飞走，大家集合起来，把那个可怕的树桩子团团围住。

"猫头鹰！猫头鹰！猫头鹰！救命！救命！"

猫头鹰气得眉毛都歪了，它怒气冲冲地把那张钩子似的嘴巴一张一合，"吧嗒吧嗒"地响着，好像在说："吵死啦！竟敢找上我！不许打扰我睡觉！"

这时候，已经有许多小鸟听见篱莺的警报，从四面八方聚拢过来。

"抓强盗！大坏蛋！"

黄脑袋的小个子戴菊鸟，从高大的云杉上飞了下来。灵巧的山雀也从灌木丛里跳出来，勇敢地投入了战斗。它们在猫头鹰的眼前盘旋着，绕着它飞来飞去，冷嘲热讽地向它挑衅道："来呀！你来抓我们呀！你敢动我们吗？尽管来呀！大白天里你倒试试看啊！你这个该死的夜游神、强盗、大坏蛋！"

猫头鹰只把嘴巴弄得"吧嗒吧嗒"地响，眨巴着眼睛。大白天，它有什么办法呢？

鸟儿还在不断地飞来。篱莺和山雀的尖叫、吵闹，引来了一大群身强体壮、勇敢无畏的林中老鸦，一群淡蓝色翅膀的松鸦。

猫头鹰吓坏了，它赶紧扇动着翅膀逃之夭夭了。快逃吧，保住小命要紧，再不逃走，就要被松鸦给啄死啦！

松鸦跟在它后面追呀，追呀，一直把它赶出了森林。

今天晚上，篱莺可以睡个安稳觉了。这样大闹一场以后，猫头鹰应该会在挺长一段时间里不敢回到这儿来了。

草莓扩张领地

在森林的边缘地带，草莓已经发红了。红色的果实被鸟儿给衔走了，它们会把草莓的种子散播到很远的地方去。可是仍有部分草莓的后代还留在原地，与它们的妈妈并排生长在一起。

看，在这颗草莓旁边，已经长出了藤蔓，那是草莓匍匐在地上的细茎。藤蔓的顶端是一棵小小的新草莓，它已经长出了一簇丛生的小叶子和根的胚芽了。看，那儿还有一棵，在这棵藤蔓上，有三簇丛生的小叶子。第一棵小草莓已经扎根了，其余两棵还没发育好。藤蔓正从草莓妈妈周围开始向四面八方爬去。

要找带着去年的草莓妈妈，得在这一带野草稀疏的地方找。就拿这一棵来说，中间的是草莓妈妈，周围一圈圈围着它的是它的孩子，一共分三圈，每一圈有五棵小草莓。

草莓就是这样一圈一圈地向周围扩张，占据领地的。

胆小的狗熊

一天晚上，一个猎人很晚才走出森林，回到村庄里来。他经过燕麦田时，看到一个黑乎乎的影子在田里直打转儿。那家伙到底是什么呀？难不成又是牲畜来糟蹋粮食了？

猎人仔细一看，不得了，那居然是一头大黑熊！它肚皮朝下趴在地上，用两只前爪捧着一束麦穗，正有滋有味地吮吸呢！从它那舒坦得意的劲儿一看就知道，燕麦浆正对它的胃口呢。

猎人没想到会发生这样的事，他身上已经没有子弹了，只剩下一颗他用来打鸟的小霰弹。可是，这猎人是个勇敢的小伙子。

"管他打得死打不死呢，"他心里想，"先空放一枪再说，总不能让大黑熊这么糟蹋大伙的粮食啊！不吓唬吓唬它，它是不会离开的。"

他装上霰弹，朝狗熊就是一枪，这一枪正好擦着大黑熊的耳朵飞过去了。"砰"的一声枪响可吓坏了那头胖熊，它猛地跳了起来，越过

麦田边上的一丛灌木，像只鸟儿似的进入树林里去了。在越过灌木丛时，它栽了个大跟头，摔得鼻青脸肿。可它立即爬起来，头也不回地向森林里逃去了。

看到大黑熊这么胆小，猎人放声大笑。笑了一阵，他就回家去了。

第二天，猎人又到昨天遇到黑熊的地方去瞧了瞧，发现一路上都有熊粪的痕迹，一直到森林里。原来昨天那头大黑熊被吓得拉肚子了。

可食用的蘑菇

雨后，又长出蘑菇了。最好的蘑菇是长在松林里的白蘑菇。

白蘑菇长得又厚又肥，它们的帽子是深粟色的，散发着一种好闻的香味。

在林中道路两旁的浅草丛里，生长着一种油蘑，有时它们还会直接长在车辙里。它们刚长出来的时候很好看，像个毛茸茸的小毛球。虽然好看，但它们的小球上面却总黏附着枯叶或者腐烂的细草秆，摸上去黏糊糊的。

在松林里的草地上，长着一种棕红色的蘑菇。它们的颜色火红火红的，非

常醒目。在这种地方，这种蘑菇特别特别多，有的简直跟盘子的大小差不多。不过它们的"帽子"常常被一些小虫给咬得到处是洞，颜色也变得发绿。要采这种蘑菇，最好选择那些不大不小，很厚实，而且头部中间向下凹，边缘卷起来的。

云杉林里也有很多蘑菇。云杉树下就生长着白蘑菇和棕红色蘑菇，但是它们和松林里的不一样。这里的白蘑菇的帽儿是深颜色的，有点发黄，柄细一些、长一些，而棕红色蘑菇的颜色就跟松树林里的完全不一样。这儿的红蘑菇的帽儿上面不是棕红色，而是蓝绿色，上面还有一圈一圈的纹理，就像树桩上的年轮一样。

在白桦树和白杨树下，也长着各种蘑菇，它们分别是白桦菌和白杨菌。白桦菌对环境不挑剔，它在白桦树下能长好，在离白桦树很远的地方也照样能生长。但白杨菌就不一样，它只能紧紧地跟着白杨树，长在白杨树的根上。白杨菌是种很好看的蘑菇，长得端端正正、亭亭玉立，它们的帽子、菌柄就像精美的雕刻艺术品一样。

尼·巴甫洛娃

毒蘑菇

雨后，森林里的毒蘑菇也长出来不少。不少的食用菌都是白色的，但毒蘑菇也有白色的。这一点，你可得睁大眼睛瞧仔细了！

毒蘑菇中有一种白色的种类，它是毒菌中最厉

害的一种。误食一小块毒白菌，比被毒蛇咬一口还可怕。它能让人随时丧命。那些误食了这种蘑菇的人，中毒以后往往很难恢复健康。

不过还好，这种毒蘑菇并不难认。它有个和一切食用菌不同的特点，就是它的柄的模样儿。它的柄就像是插在细颈的大花瓶里似的。据说，这种白色的毒菌很容易跟香菇混淆。乍一看，它们都有一顶白帽子。不过，香菇的柄很普通，大概谁也不会说它的柄就像是从细颈的大花瓶里拿出来的吧。

白色的毒蘑菇和毒蝇菌很像，甚至有人根本分不清它们。如果用铅笔把它们都画下来，可能你真的都分辨不出来哪个是毒白蘑，哪个是毒蝇菌。因为它们的帽子上都有白色的碎片，菌柄上都围着一条"领带"。

另外还有两种相当危险的毒菌，它们也常常被人们误以为是白蘑。这两种毒菌，一种叫作胆菇，一种叫作鬼菇。它们和白蘑不同之处在于：它们的帽子背后不像白蘑那样是白色或浅黄色，而是粉红色，甚至是深红色。此外，如果把白蘑

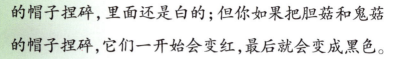

的帽子捏碎，里面还是白的；但你如果把胆菇和鬼菇的帽子捏碎，它们一开始会变红，最后就会变成黑色。

尼·巴甫洛娃

夏日里的雪花

昨天，我们这儿的湖上突然雪花纷飞。轻飘飘的鹅毛般的雪花在空中飞舞着，眼看要落到水面上，却忽然又腾空升起，盘旋着、飞舞着，最后从空中撒落下去。天空晴朗无云，阳光很刺眼。热空气在阳光下缓缓流动，没有一丝风。可是，湖面上却是雪花纷飞。

今天早上，整个湖面上、湖岸边，都撒满了像干燥的、毫无生机的雪花。在灼热的阳光曝晒下，这雪花竟然都不融化，而且太阳照在上面时，它也不会反光。更令人奇怪的是，冬季里的雪花是冰凉的，而这种雪花则是暖的、脆的。

我们走过去瞧个究竟，等走到岸边时才看清楚，这根本不是雪花，而是成千上万只蜉蝣。蜉蝣是一种长着翅膀的小昆虫，昨天它们刚刚从待了整整三年的黑洞洞的湖底飞出来。住在湖底时，它们是一群怪模怪样的小虫子，聚集在湖底的淤泥里蠕动。它们的食物是那些散发着腥臭气的淤泥和水苔，常年见不到阳光。

就这样过了三年，一千多天。

昨天，那些幼虫爬上了岸，它们脱掉身上丑陋的外壳，打开轻盈的翅膀，拖出三条尾巴——三条又细又长的线，飞到了空中。

蜉蝣的生命非常短暂，它们只有一天的寿命可以用来在空中尽情地飞舞，寻找快乐。因此人们称它们是"短命鬼"。

它们在阳光中整整飞舞了一天，像轻飘飘的棉絮，像轻盈的雪花那样旋转、舞蹈。雌蜉蝣最后降落到水面上，把它们那很小的卵产在水里。

等到夕阳西落，暮色降临的时候，湖岸和水面上到处布满了蜉蝣的尸体。

蜉蝣的卵很快又将孵化成小幼虫，而幼虫又将继续在黑暗的湖底度过整整一千天，然后变成快活的短命鬼，展开翅膀飞到水面上空尽情飞舞。

罕见的白野鸭

一群野鸭落到了湖中央。

这是一群纯灰色的野鸭，身上还长着夏天的羽毛。我在远处观察它们时惊讶地发现，在这群灰色的野鸭群中有一只浅颜色的野鸭，它是那样与众不同，在野鸭群中被同伴们紧紧地包围住。

我拿起望远镜，仔细地观察了一番。它浑身上下、从头到尾都是浅奶油色。当清晨太阳从乌云后探出头来时，它又突然变得雪白雪白。那雪白的羽毛在它那一群深灰色的伙伴们中间，显得格外引人注目。除此之外，我发现它和别的野鸭真没多少区别。

在我五十年的狩猎生涯中，这还是第一次看见这种患色素缺乏症的野鸭。以前，患这种病的其他鸟兽我也没有见过。因为血液里缺乏色素，所以这些天生有缺陷的小生灵一生下来就浑身雪白，或者颜色非常淡，这个特点会伴随它们终身，没法改变。自然界里的动物几乎都有保护色，这样它们在自己生活的地方才不会那么显眼，这会降低它们在天敌包围下生存的风险，可这些特殊的生命却没有这样的保护色。

能够见到这只野鸭，实在是太难得了。我当然很希望得到它，不过，现在可办不到，因为这群野鸭选择了落在湖心休息，这样做会让那些想靠近它们的人放弃打算。要得到它的这个念头搅得我心神不宁，我只好安慰自己，再等等吧，说不定会有机会在岸边遇到它。

令我意想不到的是，我很快就等到了这样的机会。

一天，我正沿着湖边窄窄的水湾散步，突然从草丛里飞出几只野鸭，其中就有那只白野鸭。我立即举起了枪，对准了鸭群，但是白野鸭被一只灰野鸭挡住了，那只灰野鸭被打伤后掉了下来，白野鸭则和别的野鸭一起逃走了。

这次相遇纯属一次偶然，不过，那年夏天，在湖中心和水湾里，我还看见过这只白野鸭好几次。它总是由几只灰野鸭陪伴着，好像它们就是它的护卫一样。猎人的猎枪几乎无一例外都打在那些普通的野鸭身上，白野鸭却安然无恙地在同伴们的保护下飞走了。

维·比安基

绿色朋友

用来造林的树

你们是否知道,可以用哪些树来造林吗?

现在你们就可以记一下,造林可以选用十六种乔木和十四种灌木。以下就是在我们国家可以用来造林的主要树木:栎树、杨树、椴树、桦树、榆树、槭树、松树、落叶松、桉树、苹果树、梨树、柳树、花楸树、洋槐、锦鸡儿、蔷薇、醋栗等。

作为读者的你们也应该知道这件事,而且要牢牢记住:为了开辟苗圃,需要采集什么植物的种子。

森林通讯员 彼·拉甫罗夫 谢·拉利奥诺夫

机器种树

要造林,就得种很多很多的树木,种这些树木光靠双手是忙不过来的,这就要靠机器来帮忙了。

人类发明、制造了各式各样复杂巧妙的种树机。这些机器不但能播种树木种子，还能栽苗木，甚至栽大树。有的机器可以用来播种，有的可以挖池塘，有的可以松土施肥，还有的可以照管苗木。

林子里的战争（续前）

我们的森林通讯员来到了第四块采伐地，这块林地大约是三十年前被砍光的。

身体素质差的小白桦和小白杨，这时候都死在它们强大的姐姐手下了。在丛林的下面，只有云杉还活着。

当被阴影遮蔽的小云杉蓄势待发，慢慢成长时，高大威猛的白桦和白杨还继续在上面不停地打架。胜者为王败者为寇，那些长得更高的树打败了弱者，成了统治者，它们抢占了旁边树木的阳光、水分和营养，直至它们被迫死去。

那些体弱的战败者干枯后倒了下去，这样就在原先密不透风的树叶帐篷顶上出现了一个窟窿。此时，阳光就像暴雨似的，从那里直泻而下，让长期见不着光的小云杉们来了个日光浴。可这突如其来的阳光太热情了，小云杉被它给吓得生病了。这得再过一个时期，它们才能习惯这强烈的阳光呢！

慢慢恢复了健康后，小云杉精神来了。它们抖掉了身上缺乏生机的针叶，开始飞快地向上蹿升，那些还没来得及修补好那顶破帐篷的敌人被它们疯狂的长势吓懵了。

一些运气好的云杉已经长得跟高大的白桦、白杨一样高。其他强壮、多刺的云杉紧随其后，也把长矛似的尖梢伸到了上面。

这个时候，马虎大意的白桦和白杨这才醒悟过来，当初让那些不起眼的云杉住进自己家的地窖，根本是引狼入室啊！

我们的通讯员亲眼见证了这场宿敌之间的残酷的斗争。

突然刮来的阵阵秋风让所有的树木都兴奋了起来。阔叶松扑到云杉身上，用它们手臂似的长树枝拼命地抽打敌人。就连平日里连吵架都会发抖、只会唯唯诺诺小声说话的白杨，都稀里糊涂地挥舞起树枝来，想抓住黑黝黝的云杉，折断它们的针叶树枝。可惜白杨不是好战士，它们的手臂缺乏弹力，也不够坚韧，云杉才不会把它们放在眼里呢！

但白桦就是另一码事儿了。它们的身体既强大又柔韧，即便是刮过一阵小风，它们那弹簧似的手臂都会摆动起来，它们一摇身子，周围的所有树木可就得当心了，因为它的力量实在太大啦！

白桦和云杉开始面对面的决斗。白桦用柔韧的树枝鞭打云杉的树枝，抽断了一簇簇的针叶。只要白桦一抓住云杉的针叶树枝，云杉的那根树枝就必然枯萎；只要白桦撞破云杉树干上的一块皮，那棵云杉的树顶就必然会萎缩。白杨的进攻，云杉还抵御得住，但白桦的进攻，它们可就扛不住了。云杉是一种硬木，它们不容易断，却也不容易弯，所以它们的针叶树枝挥舞不起来。

这场林中大战的最终结果我们的通讯员没有看到。要看到结果，

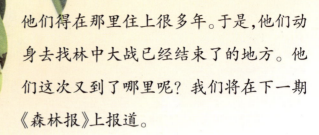

他们得在那里住上很多年。于是，他们动身去找林中大战已经结束了的地方。他们这次又到了哪里呢？我们将在下一期《森林报》上报道。

乡村生活

庄稼快要收割完了，现在正是地里农活最忙的时候。

收割完黑麦收小麦；收完小麦，收大麦；收完大麦收燕麦；收完燕麦就要收荞麦了。

拖拉机一直在地里轰隆隆地响着：秋播作物已经播种完毕，现在正在翻耕土地，准备明年的春播。

夏季的浆果已经消失了，可是果木园里的苹果、梨和李子又熟了。林子里到处是蘑菇，在铺满青苔的沼泽地上，越橘也红了。淘气的男孩子们正在用棍子打下一串串的山梨。

山鹑一家起先从秋播的庄稼地搬到了春播庄稼地，之后又从这块春播庄稼地搬到另一块春播庄稼地里去。现在，它们躲到了马铃薯地里，以为这下可没人去打扰它们了。

可是，人们如今又要收马铃薯了。马铃薯收割机出动了，孩子们点起了篝火，在地里搭起了小灶，烤马铃薯吃。每一个人的脸都抹得黑黑的，更显得顽皮了。

山鹬从马铃薯地里跑出来,逃走了。现在,它们的雏鸟已经长大,猎人被允许打它们了。山鹬一家想找个地方藏身、觅食,上哪儿去好呢?田里的庄稼都收割了,只剩下秋播的黑麦还没收。于是,山鹬拖家带口直奔高高的黑麦地里去了。这里既有东西吃,还可以躲避猎人锐利的眼睛呢!

路上见闻

8月26日,我赶着一辆车运送干草。走着走着,我看到一只硕大的猫头鹰正蹲在一堆枯树枝上。它的两只圆溜溜的眼睛一直盯着树枝堆。我很纳闷,这只猫头鹰居然一点都不怕人,它怎么不飞走呢?我停下车,向前走了几步,捡了一根树枝扔到猫头鹰身上。猫头鹰吓得飞走了,它刚离开,几十只小鸟就扑打着翅膀从枯树枝底下飞了出来。原来,它们藏在那儿是为了避开猫头鹰这个敌人呀!

与杂草的战争

在只剩麦秆的田里，田地的敌人——杂草潜伏下来了。它们把种子播在地上，把长长的根茎藏在地下，等待来年春天的到来。春天，只要人们把地一翻耕完，种上马铃薯，杂草就会立刻活跃起来，就开始欺负马铃薯了。

人们决定使个计策，欺骗一下杂草。他们把除梗机开到田里去，除梗机把杂草种子翻到土里去，把杂草的根割断。

因为这个时候天气还挺暖和，土也松软，杂草以为春天来了，于是鼓足劲儿生长起来。结果，种子发芽了，根茎也长开了，田地变得一片绿油油。人们可是高兴坏了，杂草上当了！等杂草长出来后，秋末的时候，人们打算把地再耕一遍，到时就把杂草翻一个根朝天。这样到了冬天它们就只能被冻死了。杂草呀杂草，你们再也别想欺负我们的马铃薯了！

138

林中居民受惊了

森林边上来了一群人，这让林中所有的鸟兽都紧张起来。这些人往地上铺了好多干树枝，难道这是一种新式的捕鸟捕兽器吗？林中居民只怕又要大祸临头了。

其实这不过是一场虚惊，原来人们到这儿来并没有恶意。他们是往地上铺亚麻，铺成薄薄的一层，排成整齐的行列。亚麻留在这里，被雨水和露水打湿后，就可以很容易地把亚麻茎里的纤维取出来了。

黄瓜有话说

黄瓜田里的黄瓜们最近怨气很大，它们吵吵嚷嚷地发表了自己的不满："为什么人们隔一天就要来一趟，把咱们中间的绿颜色青年都采走呢？"黄瓜们愤怒地叫嚷着："就不能让它们安安静静地成熟吗？"

原来人们只需要留下少数的黄瓜做种子，其余绿颜色的黄瓜青年因为鲜嫩多汁，味道可口，都被摘走送到市场上去了。如果等到它们成熟后再摘，那时就不能吃了。

奇特的帽子

林中空地上和道路两旁，长出了棕红蘑菇和油蕈。松林里的棕红蘑菇最好看，颜色火红火红，身体矮矮胖胖、结结实实的，头上还戴一顶有一圈圈花纹的帽子。

孩子们说，棕红蘑菇的这种帽子是从人那儿学来的，要不它们的帽子怎么能和人自己编的草帽那么像呢？

但油蕈就不一样，因为它们的帽子跟人的帽子就是不像。它们的帽子潮乎乎的，别说是小伙子，就是爱时髦的年轻姑娘也不会去戴这种帽子。谁会喜欢这种让人心情沮丧的帽子呀！

无功而返

一群蜻蜓飞到农庄的养蜂场来捉蜜蜂。但它们最终无功而返。奇怪，养蜂场里怎么没有蜜蜂呢？原来7月中旬以后，蜜蜂就搬到树林里去住了，因为那里的欧石楠花开了。它们将在那里酿制浓浓的、黄澄澄的欧石楠蜂蜜，等花谢了，它们就又会搬回来。

打 猎

出去打猎

（本报特约通讯员报道）

八月里一个清新的早晨,我和猎人塞索伊奇一同去打猎。我的两只西班牙猎狗——杰姆和鲍依,兴奋得忘乎所以,朝着我又是蹦又是跳。塞索伊奇带着他的猎狗拉达,拉达是一条很漂亮的长毛大猎狗。此刻,它正把两只前爪搭在它的小个子的主人身上,舔着他的脸。

"去,你这淘气鬼!"塞索伊奇用袖子擦擦嘴,假装生气地说。

这时,三条猎狗已经离开我们,在割过草的草场上飞奔。拉达迈开矫捷的大步子狂奔起来,它那白色带黑斑的花皮袄,在碧绿的灌木丛后时隐时现。我的两条短腿猎狗像是受了多大委屈似的汪汪叫着,拼命追赶,但就是追不上。

让它们先热热身吧!

我们来到一个灌木林旁,我打了个呼哨,杰姆和鲍依就立刻跑了回来,在旁边来回走动,嗅着灌木和草丛。拉达则高兴地来回乱窜,时不时地从我们跟前闪过。它跑着跑着,突然站住不动了,仿佛它被粘在一道看不见的网上似的。它就保持着刚才停下来的那个姿势僵在那儿,一动也不动。它的脑袋微微向左偏,脊背蜷起来,左前脚抬起,尾巴伸得笔直,好像竖着的一根大羽毛。

它一定是闻到了什么野味的味道,才停了下来。

"您先来?"塞索伊奇跟我说。

我摇摇头,然后把我的两只小狗叫了回来,指示它们蹲在我的脚边,以免它们碍事,把拉达发现的猎物给吓跑了。

塞索伊奇冷静地走到拉达身旁站住,从肩上取下猎枪,扣上了扳机。他没有着急地指挥拉达往前走,我想他可能也和我一样,喜欢看猎狗全神贯注地盯着猎物时的场景,那个克制着满腔热情,准备随时出击的姿势简直完美极了。

塞索伊奇发话了:"往前走!"拉达却没动。

我知道这里有一窝琴鸡。塞索伊奇又命令拉达往前走,拉达刚往前迈了一步,几只棕红色的大鸟扑扇着翅膀从灌木丛里飞了起来。

"走,拉达!"塞索伊奇一边重复着命令,一边端起了枪。

拉达很快地向前跑去了,兜了半个圈子,又站住不动了。这回,它停在了另一棵灌木旁。

塞索伊奇走到它跟前,吩咐道:"往前走!"

拉达朝灌木丛扑了一下,然后绕它跑了一圈。灌木后面,空中悄悄出现了一只不大的棕红色的鸟儿,它看上去病怏怏的,笨拙地扇动着翅膀,两只长脚像受了伤似的拖在身后。

塞索伊奇放下猎枪,生气地把拉达叫了回来。

瞧瞧这是什么呀,原来是一只秧鸡。春天的时候,秧鸡常在牧场上发出刺耳的叫声,那时候猎人还能忍受,可是在打猎的季节里,它可就太惹人讨厌了。因为它会在草丛里乱蹿,扰乱猎狗的视线。没过多久,我就和塞索伊奇分手了,我们约好在林中小湖边见面。

我沿着一条狭窄的溪谷走去,溪谷中两边是绿树成荫的山冈。咖啡色的杰姆和它长着黑、白、棕三种毛色的儿子鲍依,跑在我前面。我的两只眼睛得一刻不停地盯着它们,随时准备放枪,因为这种猎狗不会指示方向,它们随时可能把野禽撵出来。杰姆母子俩在一丛丛的灌木里乱钻,在茂密的草丛里时隐时现。它们那螺旋桨似的一截短尾巴老是摇来摇去,一刻也不停。

幸好它们的尾巴够短,要是尾巴长的话,打在青草和灌木上,那得发出多大动静啊!而且它们尾巴上的毛皮不被灌木划破才怪。我两只眼睛盯住两条猎狗,但自己也不明白,这会儿怎么还能看到周围一切美好的事物呢?

太阳已经升到树梢上了,金色的阳光在青草和绿叶间来回闪现。在草丛和灌木上,到处挂着蜘蛛网,像一根根极细的银线。林子里有一些奇形怪状的松树，它们弯曲的树干好像一个巨大无比的椅子。在那个椅子上的水坑旁，有几只蝴蝶在翩翩起舞。

两只猎狗过去喝水，我的喉咙也干了。在我的脚旁，有一张卷边的阔叶绿草，草叶上有一颗闪闪发光的露珠，它活像一颗价值连城的大金刚钻。

我小心翼翼地弯下腰，尽可能轻地采下这片有卷边的阔叶草，连同叶子上的一滴水。这滴世界上最纯净的水吸收了朝阳的全部精华，毛茸茸、湿漉漉的草叶一碰到我的嘴唇，清凉的露珠就滚落到了我干燥的舌尖上。

杰姆忽然叫了起来："汪，汪，汪汪汪！"我立刻丢下那片刚刚让我解渴的阔叶草，让它飘落到地上。杰姆汪汪地叫着，沿溪岸跑去。它那螺旋桨似的尾巴甩得更带劲儿、更快了。

我急忙向溪边走去，想赶到它们的前面，已经来不及了，一只刚才一直没有被我们发现的鸟儿正扑着翅膀，从树后面飞了起来。这是一只大野鸭。我着急了，赶忙举起枪，顾不得瞄准就放了一枪，子弹穿过树叶向它打去，野鸭掉到水里去了。

这一切发生得那么快，好像我根本就没开过枪似的，仿佛我就是用魔法击中了它。只动了一下念头，它就自己掉下来了。

杰姆游了过去，把猎物叼了上来。它顾不得抖落身上的水，把野鸭牢牢地叼在嘴里，直接给我送了过来。

　　我弯下身子，抚摸着它说："谢谢你，老伙计，真是好样的！"这时，杰姆突然抖起身子来了，溅了我一脸的水花。"去！没礼貌的家伙！离我远点！"杰姆听懂了似的跑开了。

　　我用两个手指头捏住野鸭的嘴巴尖，把它提起来掂分量。嘿，这家伙还真够沉的！它的嘴巴确实结实，这么沉的重量，都没有断掉。我想，这一定是只成年的野鸭，绝不是今年新孵出来的。

　　杰姆和鲍依又汪汪叫着向前跑去了。我急忙把野鸭挂在弹药袋的背带上，紧追上去，边走边装弹药。

　　溪谷从这里开始渐渐开阔起来，一片沼泽直达山坡脚下，周围到处是草丛、香蒲。

　　杰姆和鲍依在草丛里钻来钻去，是发现了什么吗？这一刻，仿佛全世界的焦点都集中在这片沼泽中了。我这个猎人此时唯一的愿望就是快一点看见两条狗在草丛里嗅到的是什么，草丛里将会飞出一只什么鸟来，但愿它们别惊扰了我们的猎物。

　　我的两条短腿猎狗一会儿就隐没在茂密的香蒲丛里了，它们在那里做跳跃式搜索，这样可以更清楚地看到周围的猎物。只听见"扑"的一声，一只沙锥从草丛里飞了起来。它飞得很低，迅速地迂回前进。我瞄准后放了一枪，可它还在那儿飞。它在空中盘旋了半圈，然后伸直两腿，落到了离我不远的地方。它站在那儿，笔直的嘴巴正好插在了地上，好像一把剑。

它离我那么近，又那么一副老实样儿，我倒不好意思打它了。这时，杰姆和鲍依已经跑过来了，又把它撵起来了。我跟着又放了一枪，还没打中！运气真差！我打猎少说也有三十年了，光打下的沙锥也有好几百只了，可见到野鸟飞起来，心里还是会紧张。这回老毛病又犯了。可有什么办法呢？我现在不得不去找几只琴鸡了，要不然塞索伊奇会瞧不起我的。

这时，从某个地方传来了塞索伊奇的第三次枪声。这会儿，他应该已经打到不少野味儿了。我越过小溪，爬上陡峭的斜坡。这里居高临下，往西可以看得很远：那里有一大片空荡荡的采伐地，再过去是燕麦田。那不是拉达吗？呀，塞索伊奇也在。瞧！拉达站住了，塞索伊奇走了过去，"砰砰"连发了两枪。他过去捡猎物了。

我也不该发呆了。

两只猎狗跑到密林里去了，我也跟着去，这是我的一个惯例。空地很开阔，鸟儿飞过的时候，可以只管开枪，只要狗把它往这边撵就成了。

鲍依和杰姆先后汪汪地叫了起来，我急忙往前走去，超过了它们。这俩家伙在那儿磨蹭什么呢？那儿一定有一窝琴鸡。对，琴鸡就喜欢自己飞到高处去，然后引得猎狗老往前跑。

　　果然,琴鸡冷不防冲出来了,好黑的一只琴鸡,简直跟焦炭似的。它沿着空地一直飞了出去。我端起枪,赶上几步,开了一枪。琴鸡拐了个弯儿,消失在了高大的树木后面。不会又跑了吧?我沮丧地想,今天运气真是不好。

　　我把两条狗又叫到身边,带着它们走进了琴鸡消失的那片林子。我们找了好一阵,都没见到琴鸡的影子,我不死心,决定再试试看,于是又回到了空地上。离空地不远的地方就是一片小湖。现在,我的心情糟糕透顶,两条狗也不见踪影。我叫了半天,也没见回来。

　　我决定自己一个人到湖边碰碰运气。可这时,鲍依不知又打哪儿钻出来了。

　　"你去哪儿了?你想当猎人是吧,那我做你的帮手好了,我替你放枪可以吗?不行?那也好,你把枪也拿去,自己放枪去吧!怎么?不会吗?喂!你这又是干什么?四脚朝天躺在地上道歉呀!瞧你那样儿,往后得听话呀!总归一句话,你们这些短腿猎狗都是蠢东西。长毛大猎狗可不像你们,它们会指示猎物的位置。"

　　"要是带拉达打猎,事情就简单了。那样,我也能百发百中。有拉达帮忙,打野味一点儿也不困难。"

　　我一直向前走,在树干的后面,出现了银色的湖面,我的心里重新燃起了希望。

　　湖边长满芦苇。鲍依"扑通"一声跳下水游了起来,把岸边的芦苇碰得来回摇晃。我听见它叫了一声,紧接着从芦苇丛里飞出来一只野鸭。我开了一枪,野鸭刚飞到湖中心上空,就中枪了,"啪嗒"一声掉在了水里。鲍依向它游了过去,想张开嘴咬住野鸭。可是野鸭突然钻进水里,不见了。鲍依被弄糊涂了:野鸭去哪儿啦?它在那儿转来转忽然也钻进水里去了。我心里突然一沉。

野鸭终于浮出了水面,还慢慢向湖边游了过来。它游水的姿势还真特别,侧着身子,脑袋浸在水里。啊! 原来是鲍依叼着它呢! 它的头被野鸭完全挡住了,所以看不见。真是个了不起的帮手! 它竟钻进水里去,把猎物叼回来了。

"收获还不错呀!"塞索伊奇悄悄地从我背后走过来了。鲍依游到草丛,爬了上去,放下野鸭,抖落身上的水。

"鲍依,你怎么不害臊? 马上叼起,送到这里来! "

真是,它居然对我的话置之不理!

这时,杰姆不知从哪儿跑过来,它游到草丛旁,训斥了儿子一声,然后衔起野鸭给我送了过来。接着,它抖了抖身子,又跑到灌木里去了。让我倍感意外的是,它从那里叼出一只死琴鸡。难怪它半天没露面,原来是去找琴鸡了呀! 说不定它是在追踪那只被我打伤的琴鸡，找到后，又一路衔着它，跟着我跑到了这儿。

有这么两位好帮手，在塞索伊奇面前，我多么自豪啊！

我真想对杰姆说："老伙计，你真是一条忠实的好狗！你忠诚地为我服务了十一个年头，从来没有偷过懒。可狗的寿命是短促的，这可能是最后一个夏天跟我出来打猎了吧？以后，我还能找到你这样的朋友吗？"

在篝火旁喝茶的时候，这么多的想法突然一齐涌上心来，我突然感慨起来。塞索伊奇手脚利落地把他的猎物分挂在白桦树枝上：有两只小琴鸡和两只分量不轻的小松鸡。

三只狗围在我们周围，六只眼睛注视着我们的一举一动，那副眼馋的样子，像是在说："能不能给我们分点吃呢？"

当然不能亏待它们了，这是三条好样儿的狗。

时间已经到中午了。天很蓝，白杨树的叶子在风中发出轻轻的沙沙声。多美好的午后啊！

塞索伊奇坐了下来，一边想着心事，一边卷着纸烟。我预感到打听他打猎生活中另一件趣事的时机到来了。

现在正是打新出巢的鸟儿的时候，每个猎人都用尽了心思。但是，如果他不预先了解野禽的生活和习性，单凭心计是远远不够的。

打野鸭

猎人们早就注意到了，一到小野鸭会飞的时候，野鸭就会成群结队从一个地方飞到另一个地方，一昼夜间搬两次家。白天，它们钻进茂密的芦苇丛里睡觉、休息。太阳一落山，就从芦苇丛里出来活动。

猎人已经等在田里了，他知道野鸭会来。他站在岸边，躲在灌木丛里，朝着水，面向西方，等着太阳落山。

在太阳落山的地方，出现了火烧云。明亮的晚霞衬托出一群群野鸭黑色的身影，它们一直朝猎人飞过来了。猎人举起了枪，出其不意地从灌木丛中对野鸭群开枪，这一阵枪响过后，准会有不止一只野鸭被打下来。猎人接连打了好多枪，直到天黑才罢手。

猎人的好助手

树林边的一块空地上，一窝小琴鸡正在那里觅食。它们老挨着林子边溜达，这是为了在危急情况发生时，能立刻逃到林子里去。

它们正在啄浆果吃，这时一只小琴鸡听见草丛里有沙沙的脚步声。它抬头一看,发现草丛里有个可怕的怪兽露出脸来,它两只贪婪的眼睛死盯着伏在地上的小琴鸡。

小琴鸡立即缩成一个滚圆的球儿,两只小眼睛瞪着怪兽的大眼睛。它们都在静观其变,看接下来会发生什么事。这时只要那个怪兽敢往前挪动一步,小琴鸡就会立即飞到树上,这下那个怪兽就拿它没办法了。

它们对峙了好半天,那个怪兽还是没有动,小琴鸡也没敢飞起来。

突然有人命令了一声:"往前走!"

那怪兽这才猛地扑了过来,小琴鸡扑扑地飞了上去,像箭一样逃向救命的森林。

"砰"的一声枪响,小琴鸡一个跟头栽倒在地上。猎人把它拿起来,又吩咐狗往前走。

"轻一点儿! 好好地找,拉达,好好地找!"

比耐心

高大的云杉林里黑洞洞的,没有一点儿声响。

太阳刚刚落进森林,猎人在笔直的树干间从容不迫地走着。前面发出一阵响声,好像突然一阵风卷起了树叶。前面是一片白杨树林,猎人停了下来。

一切又静下来了。

突然又响起来了，像是大颗的雨点敲打着树叶。猎人蹑手蹑脚地往前走，尽量不发出一点声响。白杨树林已经很近了。那奇怪的雨点声又消失了。

隔着密密层层的树叶，什么也看不清。猎人停住脚步，站着不动。

双方正在比耐性，到底是那个躲在白杨树上的耐性大，还是这个带枪埋伏在树下的？好长时间过去了，一点儿响声都没有，安静极了。

雨点声又回来了。猎人的脸上露出了笑容，这回你可露馅了。

一个浑身乌黑的家伙正蹲在树枝上，努力地用嘴啄着白杨树叶的细叶柄，奇怪的雨点声就是从它这里传出去的。猎人的枪响了，一只沉甸甸的小松鸡掉了下来。

这种打猎的游戏是很公平的，鸟儿藏得隐蔽，猎人来得也隐蔽。

谁先发现对方？

谁的耐性大些？

谁的眼睛尖些？

一个骗局

在茂密的云杉林中，猎人正顺着小路慢慢走着。

从他的脚底下突然飞过一群琴鸡，一共有九只呢！

猎人还没来得及端起枪，琴鸡就都散落到繁茂的云杉树枝上去了。最好不要费劲儿地去找它们，反正也看不清它们落在哪里。就算你把眼睛睁得老大，也看不清。

猎人躲到路旁一棵小云杉后面。他从口袋里掏出一支短笛，吹了一下，然后坐在树桩上，扣上扳机，把他的短笛送到唇边。

游戏开始了。

小琴鸡藏在树叶丛里不出来，躲得稳稳当当。在琴鸡妈妈发出"可以"的信号前，它们连翅膀都不敢扑一下。每只琴鸡都待在它自己那根树枝上。

"依，依克！依，依克！"这是琴鸡妈妈给孩子们的信号，意思说：可以啦！

一只小琴鸡从树上溜下来，落到地上。"依，依克！依，依克！依，依克！"附近传来妈妈的声音，它仔细寻找着妈妈声音的来源方向。"依，依克！依，依克！依，依克！"妈妈在一个劲儿地召唤着它，小琴鸡跑到小径上来了。再近一点，原来在那儿呀！在小云杉后面，在树桩那儿。

小琴鸡撒开小腿，顺着小径兴冲冲地跑了过去——直冲着猎人跑过来了。

猎人打了一枪，又拿起短笛继续吹。

短笛里传出了琴鸡妈妈尖细的声音："依，依克！依，依克！依，依克！"

又有一只小琴鸡听到妈妈的召唤，乖乖地送死来了。

一起动动脑吧！

打靶场

第六次竞赛

1.一条鱼在水里游,你知道它有多重吗?

2.蜘蛛是怎么知道它的网是否捉住小虫子了?

3.哪些野兽会飞?

4.小鸟白天看见猫头鹰,会采取什么行动?

5.剪刀不离手,可不是裁缝;猪鬃不离手,可不是鞋匠公公。(谜语)

6.哪一种昆虫(成虫)没有嘴?

7.为什么家燕和雨燕在天气潮湿时贴着地面飞?

8.为什么家鸡下雨以前要用嘴梳理羽毛?

9.怎样根据蚁巢的情况知道天要下雨了?

10.蜻蜓吃什么?

11.哪种可怕的野兽爱吃树莓?

12.夏天最好在什么地方观察鸟的脚印?

13.小小身体,分作三样,各在一方:躯体在场上,脑袋摆桌上,脚儿还在田里放。(谜语)

14.身穿黑袍,性子暴躁,惹它就咬,换上红袍,老实极了,咬它它也不叫。(谜语)

15.没有人吓唬它,也不知它抖个啥。(谜语)

16.瞎子也能认得出的一种草,是什么草?

17.什么东西在麦田里生长,却不能放在嘴里吃?(谜语)

公 告

寻 鸟

椋鸟去哪儿了？白天，有时还能看见它们在田里和草场上。可是到了夜里，怎么就看不到它们呢？小椋鸟一飞出巢，就再也不回来了。如果有人知道它们的踪迹，请通知我们。

《森林报》编辑部

代向读者致候

我们来自北冰洋沿岸和各个岛屿，那里的小海豹、海象、格陵兰海豹、白熊和鲸，都嘱咐我们向读者问好。我们还可以给读者带个口信，问候非洲狮子、鳄鱼、河马、斑马、鸵鸟、长颈鹿、鲨鱼。

飞经这里的北方旅客：
沙锥、野鸭、鸥鸟同启

"火眼金睛"称号竞赛

这是什么鸟的影子？

你能根据下面的描述，通过鸟儿飞行时的影子认出它们分别是什么鸟儿吗？

你坐在空旷的地方——田野里、高冈上或是河边的陡坡上。太阳高悬在天空，从你面前，不时有猛禽的影子在地面上、沙滩上，或是水面上慢慢浮过，或是飞快地掠过。

如果你的眼睛够尖，而且又看熟了，你就用不着抬头，只要看看每一只猛禽在地面上掠过的黑影，不论是全影或侧影，就能辨认出是哪一种猛禽。

1.空中飞速掠过一个轻飘飘的影子。它的翅膀很窄，像镰刀似的，尾巴长长的，有一个圆圆的尾巴尖。这是什么鸟在飞？

2.从影子看，第二只鸟的身体大小和第一只差不多，只是更宽一点，有着厚实的翅膀，笔直的尾巴，这是什么鸟呢？

3.第三只鸟的影子更大，翅膀厚实，尾巴看起来像把扇子，尾巴尖呈圆形，这是什么鸟在飞？

4.第四只鸟的影子很大，翅膀弯曲的角度很大，尾巴的末端有豁口，这是什么鸟在飞？

5.第五只鸟比第四只鸟的影子更大，翅膀呈三角形，翅膀尖上好像被剪了一点，尾翼两侧呈直角形。这是什么鸟？

6.第六只鸟的影子非常大，有着巨大的翅膀，翅膀尖好像五个张开的手指。头部和尾巴看上去则比较小。这是什么鸟在飞？

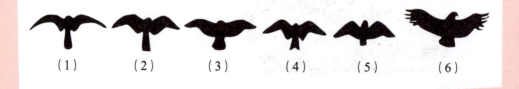

（1）　　　（2）　　　（3）　　　（4）　　　（5）　　　（6）

答案及解释

打靶场答案

第四次竞赛

1.六月二十一日,这是一年中白天最长的日子。

2.棘鱼。

3.小老鼠。

4.住在沙岸上的鸥和沙锥。

5.后腿。

6.如果鸟巢里的蛋被人动过了,鸟儿们就会丢弃那个巢。

7.五根刺,三根长在背上,两根长在肚子底下。我们这儿还有十根刺的棘鱼。

8.家燕的巢入口向上开;金腰燕巢的入口开在侧面。

9.有。

10.翠鸟。

11.因为这些鸟儿会把自己的巢用青苔伪装起来。

12.并不全是这样,有许多鸣禽(燕雀、金翅雀、篱莺)孵两次小鸟,甚至有的鸟儿(麻雀等)一个夏天孵三次小鸟。

13.银色水蜘蛛。

14.杜鹃。

15.人们割草,堆成草垛。

16.青蛙。

17.影子。

18.山羊。

19.刺猬。

第五次竞赛

1.雏鸟钻出蛋壳前,嘴巴上面有一小块硬疙瘩。雏鸟就用这东西凿破蛋壳。这个硬疙瘩叫"雏齿"。出壳以后,这个硬疙瘩就脱落了。

2.牛吃草的时候,用尾巴撵走对它纠缠不休、叮它的虫子。牛要是没有尾巴,就没法子撵牛虻和牛蝇了。这样它吃草的时候就不得不常常摇脑袋,或者从一个地方转移到另一个地方去,它就吃得少了。

3.夏天,因为到处都有无助的雏鸟和小野兽。

4.鸟类。

5.许多昆虫都是这样的,比如蝴蝶:先是卵,卵变成青虫,青虫变成蛹,蛹变成蝴蝶。

6.因为鹅的羽毛上蒙着一层油,不会被水沾湿,水落在鹅背上,就会流下去。

7.因为狗没有像马那样的汗腺,因此狗伸出舌头,好让它凉快一点儿。

8.杜鹃的雏鸟。杜鹃产了蛋,就丢下不管了,让别的鸟儿来喂养。

9.啄木鸟。

10.小秃鼻乌鸦的嘴巴是黑的,老秃鼻乌鸦的嘴巴是白的。

11.棘鱼。

12.蜜蜂蜇过人以后就会死去。

13.吃母亲的奶。

14.向太阳,正对南方。

15.雷和闪电。

16.亚麻一直到中午之间都开天蓝色的花。

17.红色的蘑菇。

18.野蔷薇的浆果。

19.蜗牛。

第六次竞赛

1.它的体重正等于它身体所排去的水的重量。

2.蜘蛛在一边躲藏着,一只脚紧紧地抓住一根绷紧的蜘蛛丝,丝的另一头粘在蜘蛛网上。苍蝇等昆虫一落在网上,网就震动起来,于是那根细丝也就扯动蜘蛛的脚,它就知道有猎物落网了。

3.蝙蝠。我们林子里有一种松鼠叫鼯鼠,脚趾间有膜,也能滑翔几十米远。

4.它们成群结队,高声大叫向猫头鹰冲过去,直到把它赶跑。

5.龙虾。

6.蜉蝣。

7.燕子一边飞,一边捕食苍蝇、蚊子和其他飞虫。晴朗干燥的日子里,这些虫儿飞得高。潮湿的天气里,空气是重的,水分充足,这些虫儿就不能飞到天上去了。

8.家鸡感觉到要下雨了,就把尾尻腺分泌的脂肪抹到羽毛上,尾尻腺在鸡的尾部。

9.在下雨之前,蚂蚁就藏进蚂蚁洞里去,把所有的洞口都堵上。

10.各种飞虫,如苍蝇、蜉蝣、河榧子等。

11.熊。

12.在脏泥和淤泥上,或在河岸、湖岸、池塘边。许多鸟儿聚到这里来,它们都会留下清晰的脚印。

13.麦穗:院子里的是麦秸,摆在桌上的是面粉做的面包,留在田里的是麦根。

14.虾。

15.白杨。

16.荨麻。

17.矢车菊。

"火眼金睛"竞赛答案和解释

第三次测验

1.啄木鸟的洞下面的地上会有一大堆木屑,好像刚锯出来的。那是啄木鸟用嘴巴凿树洞,筑巢时留下的。啄木鸟是很爱干净的鸟,它会为自己的雏鸟打造干净舒适的家;椋鸟不像啄木鸟那样爱干净,它的巢所在的树底下没有新鲜的木屑,树干上则沾有熟石灰似的鸟粪。

2.灰沙燕会在崖壁上挖洞筑巢,雨燕常常在住宅的顶楼里、钟楼上、大树的洞里、岩石上或者椋鸟巢里做巢。

3.松鼠的巢是用树枝做成的圆形巢,里面铺着青苔。看到这些青苔,你就可以知道这不是鸟巢。

4.獾是个挖洞高手,它家的出入口往往会有好几个。獾很爱整洁,在它的家里,你找不到任何吃剩下的东西。它的食物是软体动物、青蛙和植物鲜嫩的根。但如果獾的家被狐狸给占领了,狐狸则常常会把吃剩下的家鸡、琴鸡和兽骨乱丢在洞口。从这点可以很容易区分出洞的主人是否真的是獾。

第四次测验

1.琴鸡:因为琴鸡爸爸尾巴尖的羽毛是向两边卷起的,所以有了这样一个名称。不过,你千万不要去看它的尾巴。因为琴鸡妈妈的尾巴就不是这样的,而小琴鸡呢,它根本就没有尾巴。

2.野鸭:野鸭妈妈的嘴是扁平的。小鸭和野鸭爸爸也是这样,它们的脚趾之间有脚蹼连着,不过你可得看仔细了,别把野鸭和鸊鷉弄混了。

3.燕雀:燕雀的雏鸟跟其他鸣禽的雏鸟一样,刚出蛋壳的时候,才一点儿大,光着身子,绵软无力。燕雀爸爸和燕雀妈妈长得很像,它们身子差不多大小,尾巴也一样,只是羽毛不同。只要看雏鸟的脚,你就可以认出它是不是燕雀的雏鸟。

4.红脚隼:猛禽的嘴基本上都像钩子似的,而且脚上有锐利的脚爪。红脚隼也一样。

5.鸊鷉:小鸊鷉的爸爸妈妈长得很像,你只要认真观察小鸊鷉的嘴和脚蹼就能认出它来,它们跟野鸭完全不一样。

第五次测验

1.红隼。

2.老鹰。

3.秃头鹰。

4.黑鸢。

5.河鸦。

6.雕。

注意:隼的翅膀是尖的,像镰刀;老鹰的翅膀向里头弯;秃头鹰的尾巴有点圆;黑鸢的尾巴有凹三角形的缺口;河鸦的翅膀呈三角形,尾巴笔直,好像被削去了一截;雕的翅膀很大,尾巴尖上的羽毛是叉开的。

森林报·夏